"所有的成就，所有挣来的财富，源头都只是在一念之间！"

"天下是没有不劳而获这回事的！我提出的这个秘诀，是要付出代价才能取得的。"

中国成功学

张秀玉 ◎ 编著

高效的合作是成功的基石
坚强的意志是成功的保障
准确的目标是成功的方向
积极的心态是成功的开端

如果你想成功，请记住

企业管理出版社
ENTERPRISE MANAGEMENT PUBLISHING HOUSE

图书在版编目（CIP）数据

中国成功学 / 张荟荟编著. —北京：北京日报出版社，2019.7
ISBN 978-7-5164-1981-6

Ⅰ.①中… Ⅱ.①张… Ⅲ.①成功心理-通俗读物 Ⅳ.①B848.4-49

中国版本图书馆CIP数据核字（2019）第134924号

书　名：中国成功学
作　者：张荟荟
责任编辑：郗春元
书　号：ISBN 978-7-5164-1981-6
出版发行：北京日报出版社
地　址：北京市海淀区紫竹院南路17号　　邮编：100048
网　址：http://www.emph.cn
电　话：发行部（010）68701816　编辑部（010）64203309
电子信箱：zhaoxq13@163.com
印　刷：香河国泰印刷包装有限公司
经　销：新华书店
规　格：170毫米×240毫米　16开本　15.5印张　253千字
版　次：2019年7月第1版　2019年7月第1次印刷
定　价：56.00元

版权所有　翻印必究　印装有误　负责调换

引 子

你是一位成功人士吗？

20世纪末，我就产生了一个梦想：创立中国成功学，开创中国成功咨询事业，为客户提供最优的成功咨询服务，帮助组织和个人取得成功！

成功学是对古今中外、各行各业、成千上万成功人士成功经验的概括和总结，是成功人士成功素质的集中体现，是人们争取成功的强大精神武器，是推动人们走向成功的发动机、指南针和强后盾。

成功咨询事业包括开展成功教育和培训、进行成功咨询和提供成功方略等智力服务。其宗旨是"为客户提供最优的成功咨询服务，帮助组织和个人取得成功"。

我的梦想主要包含八个目标：

（1）尽快编著出版一部《中国成功学》。
（2）制作讲授成功学的教学课件。
（3）选择不同类型的单位进行试点。
（4）创办专门开展成功咨询业务的咨询公司。
（5）创建"中国成功学研究促进会"。
（6）创办《成功》或《成功之钥》杂志或专栏。
（7）创办中国成功学院，举办全国成功学研讨会和成功人士报告会。

引 子

（8）开展成功学国际学术交流。

时至今日，以上目标有些已经实现了，如（1）（2）（3）（4）（6）项；有些将逐步进行，如（5）（7）（8）项。虽然距离完全实现我的梦想还有很远的路程，但我坚信：

只要我们能够想象并且坚信的事情，我们就一定能实现它！

——拿破仑·希尔

只要你想成功，你就一定能够成功！

——戴尔·卡耐基

世上无难事，只要肯登攀！

——毛泽东

在学习、研究和掌握美国成功学精神的基础上，结合中国的国情和特点，编著中国的成功学专著或教科书，作为开展成功学教育、培训和咨询的基本教材，这是开展这项事业的一项首要工作。此项工作我早在20世纪末和21世纪初就已经开始进行，经过六年多的奋斗，第一本中国成功学著作《怎样才能成功》已于2005年1月由企业管理出版社出版发行。

在该书的编著过程中，应首钢日报社特约，书稿已在《首钢日报》开辟的《祝您成功》专栏连续发表。《首钢日报》还于2005年4月29日专门为本书发表了书评——《〈怎样才能成功〉助您成功》。

书评中写道："张秀玉教授在研究企业战略学、企业管理学等方面有着很深的造诣，自成功学引入中国后，十几年来，张秀玉教授就一直在潜心研究成功学，其可谓研究成功学方面的专家。日前，由其编著的《怎样才能成功》一书由企业管理出版社出版发行。该书为人们实现自己的奋斗目标，进而取得成功提供了极大的指导和帮助。"

《怎样才能成功》出版之后，我就在全国各地的大专院校、工商企业、研究院所、学会、协会等组织，向听课的企业领导、中青年干部、院校师生、科研人员、大学生村干部和下岗职工等宣讲成功学。我在宣讲成功学的过程中，经常会有记者、干部、职工和学生等问我："张教授，你是一位成功人士吗？"

每每遇到类似的问题时，我都会首先回以一个爽朗的大笑，接着就说："我是不是成功人士，不是由我说了算，也不是由你说了算，而是由社会大众根据我的实际行动及其效果来评定的。所谓'实践是检验真理的唯一标准'，也包含这个意思。"

那么，我究竟是不是成功人士呢？为了回答听众提的这个问题，我只好将能够反映我的实践效果以及社会给予我的各种荣誉的照片展示如下。

张秀玉主要业绩和荣誉

出版著作如下：

▲《全员竞争管理》由改革出版社于1993年出版。袁宝华对这一创新理论给予了高度评价，并为本书题写了书名。

▲《迎接挑战——企业如何练好内功》由中国城市出版社于1996年出版。本书得到了袁宝华的高度评价："这本书写得很好。企业改革和管理中的主要问题基本上都谈到了。企业要搞好，外部条件应该改善，但不练内功也是不行的。企业的同志应该好好学习这本书。"

▲《企业战略管理》教材由北京大学出版社于2002年出版。本教科书不仅在中国很受欢迎，而且很快传到了美国，深受美国企业界、教育界和出版界的欢迎和重视。

▲《怎样才能成功》由企业管理出版社于2005年出版。

III

张秀玉主要业绩和荣誉

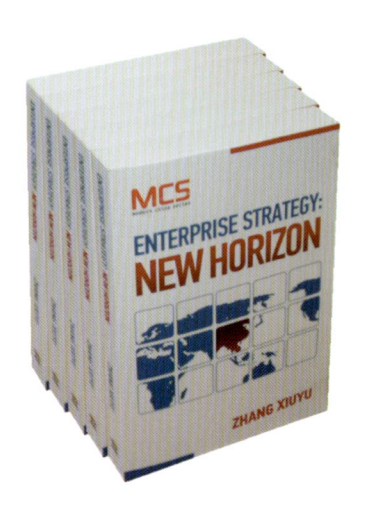

应美国北美商务出版社（North American Business Press）特约，将《企业战略管理》教科书用英文重新改编为《商业战略：新视野》，该书已经在美国出版发行。

《市场将军的商战之道：汪海的ABW理论》由北京大学出版社于2013年出版。本书全面、系统、深入、具体地总结了双星集团总裁汪海40年来在领导双星人创建双星集团、双星品牌的实践中，创造并经实践检验是正确的、独具双星特色的ABW理论。本书英文版已在美国出版发行。

张秀玉 主要业绩和荣誉

获得荣誉如下：

▲ 1999年，张秀玉获北京市经济管理干部学院"优秀教师、优秀教育工作者奖"。

张秀玉主要业绩和荣誉

2008年12月，张秀玉荣获"第7届中国时代新锐人物"奖项。

张秀玉主要业绩和荣誉

2009年1月，张秀玉荣获"2008年中国改革优秀人物"奖项。

在庆祝中华人民共和国成立六十周年之际，张秀玉荣获"共和国功勋人物"光荣称号，并载入《共和国功勋人物志》。

张秀玉获"世界名人"荣誉称号。

VII

张秀玉主要业绩和荣誉

张秀玉主要业绩和荣誉

▲ 2012年5月，张秀玉获得"中国诚信优秀企业家"荣誉称号。

张秀玉主要业绩和荣誉

▲ 2005年3月4日，张秀玉在63岁时创办了北京成功之钥咨询有限责任公司，开始了他造福社会、二次创业的人生之旅，进而塑造了中国成功咨询业界的第一品牌——"成功之钥"。

▲ 张秀玉编著了15部著作，其中有许多品牌著作；在管理咨询中，创造了30多项成果，其中有许多品牌咨询成果。由此，他获得了社会各界授予的许多荣誉称号、荣誉证书和荣誉牌匾。

▲ 这是张秀玉为中国印钞造币总公司编制的两个"十年战略规划"。

▲ 这是张秀玉带领公司咨询团队为北人集团公司编写的咨询报告和"十一五"总体战略规划。

◀ 这是张秀玉带领公司咨询团队为北京国际招标有限公司编写的八项咨询成果——"一个总体战略规划，七个公司改革方案"。

序 言

中国成功学 ZHONGGUO CHENGGONGXUE

成功学是争取成功的法宝

成功咨询事业是造福企业、事业等组织和全体社会成员的一项伟大而崇高的事业。这一事业起源于19世纪的美国，至今已有100多年了。但是在我国，成功学才刚刚引入，成功咨询还是一块未被开发的处女地。要想使成功学在我国迅速普及和发展，首要的任务就是尽快编著出版一本具有中国特色、符合中国人需要和习惯的《成功学》专著或教科书。

为了实现这个目标，我用了六年的时间，学习、研究了由美国"钢铁大王"安德鲁·卡耐基奠基，由拿破仑·希尔博士首创的"美国成功学"。在此基础上，编著了《怎样才能成功》一书，于2005年1月由企业管理出版社出版发行。这是我为了创建中国成功学所做的第一次探索和尝试，以便能收到抛砖引玉之效。

《怎样才能成功》一书自出版以来已经近15年了，我根据15年来在教育、培训、咨询和创办公司实践中的经验体会以及读者的建议和要求，重新编著《中国成功学》，旨在向读者揭示成功的规律，介绍成功的原则、方法、技巧和榜样，以启发、引导、帮助和鼓励更多的人取得成功。

在《中国成功学》出版之际，我想与广大读者分享以下四个内容：

序 言

1. 人人都想成功

上自帝王总统，下至庶民百姓，只要是神智健全的人，人人都想成功。追求成功是人的本能、愿望和责任。人生来就有成功的本能，以后逐渐产生了成功的愿望，做任何工作时都肩负成功的责任。人人都希望把自己的工作做好，都希望获得成功。因此，不论你意识到与否，成功都是每个人所具有的意识。

那么，何谓成功呢？

常常听到的说法有以下几种：

（1）"赚钱多就是成功"。这种观点认为，只要能成为百万富翁、千万富翁、亿万富翁，那就是获得了成功。

（2）"权力大就是成功"。这种观点认为，只要能当上县长、市长、省长、国家级领导，或者是董事长、总经理，或者是校长、院长、所长，等等，即能担任较高的职务，掌握较大的权力，那就是获得了成功。

（3）"名声高就是成功"。这种观点认为，只要能获得较高的知名度，最好是能在全国、全世界，甚至是在历史上获得较高的知名度，那就是获得了成功。

如此说法，还有不少，但是，以上说法有很大的局限性。这主要体现在以下三点：一是只强调成功的表现形式，而忽略了成功的本质要求；二是只强调成功在某一方面的表现，而忽略了成功在其他方面的表现；三是抹杀了正义性与非正义性，有益性与有害性，真、善、美与假、恶、丑，流芳百世与遗臭万年的区别，很容易产生误导作用。

试问：

如果有人成了百万富翁、千万富翁、亿万富翁，但却用这些钱吃、喝、嫖、赌、违法乱纪，挥金如土，大肆浪费，这能够叫作成功吗？

如果有人地位很高，权力很大，但却以权谋私，搞权钱交易，贪污受贿，腐化堕落，目无法纪，知法犯法，好事不干，坏事做绝，这能够叫作成功吗？

如果有人知名度很高，名声很大，但却给社会带来了极大的负面影响，如希特勒、东条英机、墨索里尼等，这难道也能够叫作成功吗？

显然，这些人虽然在某一方面有成功的表现，但从总体上看，从本质上看，依然不能叫作成功。特别是那种盲目追求"名声高"的所谓"成功"，则更不能叫作成功。因为，成功是人们最高尚的追求，是个人价值的实现，是个人成就感的达成。而以上提到的那些人的行为，不但算不上高尚，简直就是犯罪。

那么，究竟何谓成功呢？

对成功的定义有很多种说法，我的意见是：成功就是达到了预期的有益目标。

这个定义有四个要点：

（1）成功必须要有一个预期的目标，即在行动之前就确定的目标。

（2）成功的标志就是达到了预期的目标。这里要强调两点：一是成功必须要达到预期的目标。二是目标必须是有益的目标。即不仅对自己有益，而且对他人、对国家、对社会都是有益的。与此相反，若是有害的目标，即使完全达到了，也不能叫作成功。

（3）目标的形式是多种多样的，即目标具有个性特征，因人而异。例如，政治家、科学家、发明家、企业家有自己的成功目标，工人、农民、商人、战士、学生有自己的成功目标，青年人、中年人、老年人也有各自的成功目标。因此，不应简单地将成功的目标归结为金钱、权力和名声。

（4）目标大多数是能被量化的，但有些则是难以被量化的，如有些新发现、新发明、新创造等。

在此特别要提出，有一种观点我是不敢苟同的。这种观点认为："成功是一个中性概念。"所谓"中性"，即它既不是纯粹褒义的，也不是纯粹贬义的，而是中性的，即介乎两者之间，或者是两者兼有。其理由是："因为判别成功的达到与否，标准是人们自己预期的目标，因此，好人有成功的，坏人也有'成功'的；正义之师有打胜仗的时候，不义之师也有打胜仗的时候。比如，小偷的目标是偷到你家的电视机，一旦得手，他会兴奋地对自己说'我成功啦！'至于小偷'成功'之后，最终又被警察逮住，关进监狱，那不是因为小偷不'成功'，而是另一条规律在起作用，因为小偷的成功标准不被社会的成功标准所认可。社会群体标准大于小偷的个人的标准。"[①]

显而易见，上述观点完全抹杀了成功目标的正义性与非正义性、有益性与有害性的本质区别，将真、善、美与假、恶、丑，流芳百世与遗臭万年混

---

① 易发久. 成功一定有方法 [M]. 北京：世界图书出版公司，2002：8.

为一谈。这种观点很容易产生误导作用，因此，应该给予澄清。

2. 人人都能成功

人人都想成功，是否人人都能成功呢？回答是肯定的。理由如下：

首先，你生来就是一名冠军。

遗传进化学家设菲尔得说："在整个世界史中，没有任何别的人会跟你一模一样。在将要到来的全部无限的时间中，也绝不会有像你一样的另一个人。"

你一出生就是一个很特殊的人。为了生下你，许多斗争发生了，这些斗争又必须以成功告终。想想吧：数以亿计的精子参加了巨大的战斗，然而其中只有一个赢得了胜利，就是构成你的那一个！这是为了达到一个目标而进行的一次大规模的搏斗，这个目标就是进入一个包含微核的卵。

每个精子的头部都由24个染色体所构成，正如同卵的微核包含24个染色体一样。每个染色体由紧密串在一起的胶状小珠所构成，每个小珠包含数以百计的遗传因子。

精子中的染色体所包含的全部遗传物质和倾向是由你的父亲和他的祖先所提供的；卵的微核中的染色体所包含的全部遗传物质和倾向则是由你的母亲和她的祖先所提供的。精子和卵本身，就是代表20多亿年前为生存而战斗的胜利的极点。当一个特殊的精子——最快、最健康的优胜者——同等待着的卵结合起来，就形成一个微小的活细胞，这个活细胞就是将要出生的你。

可见，你已经成了一名冠军，你已从过去巨大的积蓄中继承了你所需要的一切潜在力量和能力。现在，无论有什么障碍和困难处在你的人生道路上，它们都不及你在成胎时所克服的障碍和困难！所以，只要你想成功，你就一定有能力成功！

同时，科学研究的成果和人类发展史的事实也提供了强有力的论据。根据科学家的研究，一个正常人大约拥有一千亿个脑细胞。然而，可惜的是，平常这些脑细胞只有10%在为我们工作，其余的90%都在睡觉。还有的科学家指出，大多数人在他们去世以前，一生中已经开发的潜能只占他们所拥有的潜能的5%左右，还有95%的潜能未能发挥。像爱因斯坦这样伟大的科学家，也没有用到15%。美国知名学者奥图博士说："人脑好像是一个沉睡的巨人，我们均只用了不到1%的脑力。"一个正常人的大脑记忆容量是大约6亿本书的知识总量，相当于一部大型计算机储存量的120万倍。如果人类发挥其一小半的潜能，就可以轻松学会40种语言，记忆整套百科全书，获得12个博士学位。

由上可知，不管是从先天的遗传学角度讲，还是从后天的发展观角度看，一个人只要想成功，并且尽到了自己最大的努力，那就一定能够成功！

3. 为何只有少数人成功

"人人都能成功"这一论断无疑是正确的。但是，事实上，成功者却只占少数。这是为什么呢？因为人与人之间不仅在家庭背景、受教育程度、身体状况等方面各不相同，更重要的是每个人的努力程度也不相同。如果条件好，而且又努力，那当然会成功。但常常遇到的情况是：有些条件差的人却成功了，而条件好的人却失败了。这就说明：成功虽然要求一些必要的条件，但起决定性作用的是个人的努力程度。而影响个人努力程度的决定性因素，并不是人的智力素质，而是人的非智力素质。这些非智力素质包括心态、理想、目标、意志、信心、决心、勤奋、行动、恒心、毅力等。一个心态积极、目标远大、信心百倍、意志坚强的人，没有条件也可以创造条件，努力争取成功；而一个心态消极、胸无大志、毫无信心、意志薄弱的人，即使有良好的条件，也不能加以利用，所以就难以成功。如果你的智力素质、非智力素质都属上乘，成功当然非你莫属。如果你最终没有成功，其原因往往不在于智力素质方面，而在于非智力素质方面。而如何对这些非智力素质进行教育、培养和训练，正是本书所要揭示的内容。

我要重点申明：成功学是一门科学。科学是老老实实的学问，来不得半点偷懒、虚伪和骄傲，只有渴望成功、刻苦学习、严于律己、认真实践的人，才能取得成功。然而，在现实生活中，由于种种原因，能够这样做的人总是少数，这也就是成功者总是少数的根本原因。

4. 怎样才能成功

从古代到现在，从国内到国外，尽管成功的人通常只占少数，但"成功"毕竟是一种客观存在。既然是一种客观存在，就必然有它存在的理由，即必然性或规律性。也就是说，有的人之所以能取得成功，不管他们意识到还是没意识到，原因在于他们能够遵循成功的规律去办事、去行动。所以，成功是有规律的，这些规律是由各行各业、成千上万的成功人士创造的。

自古以来，人们都在争取成功，研究成功的道理。许许多多的名言、谚语都是闪闪发光的有关成功的哲理。随着社会的演进，人们在政治、经济、

序 言

文化、社会方面的竞争日趋激烈，人们便要求掌握系统的、完善的成功哲理，以便得心应手地取得更大的成功。在这种社会需求的推动下，成功学便应运而生了。

19世纪，美国著名的"钢铁大王"安德鲁·卡耐基认为，他自己的成功以及美国许多发明家、企业家、政治家，如爱迪生、福特、罗斯福、贝尔、洛克菲勒、卢森瓦尔德等的成功，都含有许多值得人们学习的宝贵哲理，因此，他渴望寻求一位适当的人才来研究美国名人成功的哲学。他认为这样的成功学创立了以后，他对世人的贡献将远胜于他以物质财富对世人的贡献。

为寻求开拓成功学的人才，安德鲁·卡耐基考察了200多个青年，都没有得到满意的结果。1908年，18岁的拿破仑·希尔读大学时去访问卡耐基，对卡耐基所提出的成功哲理极为赞赏。希尔出身贫寒，小时候是一个"不听话的孩子"，他的继母给了他爱心和成长的勇气，经常祝福和激励他去争取伟大的成就。正是她激励了一个"有问题的孩子"去发展个性，艰苦劳动，成为有教养的成功者。卡耐基严格地考察了希尔以后，决定委托他担当创立成功学的重任，要求他访问美国500位成功的名人，总结他们的成功哲理，用20年的时间创立成功学。果然，希尔于1928年出版了专著《成功规律》，阐明了美国成功者的成功哲理，奠定了成功学的基础。从此，人们的成功意识便由不自觉走向自觉，千百万人自觉地应用成功学，取得了各方面的成功，对社会的发展起到了巨大的作用。

此后，希尔继续探索成功问题，勤奋写作成功学专著，并以讲座、学习班等形式讲授成功学。他为此获得过博士学位，担任过美国两位总统伍德罗·威尔逊和富兰克林·罗斯福的顾问，一直奋斗到1970年11月8日逝世为止。1952年8月，长期实践希尔的成功哲学，由一个只有100美元的年轻人摇身一变为拥有4亿美元身价的大富豪，美国联合保险公司的创办人及总裁克里曼特·斯通与拿破仑·希尔相识之后，立即组建了拿破仑·希尔联合会，专心致志地编写新书，实施新的培训计划，宣传希尔的成功学原则和技巧，使成功学传遍了美国，影响到全球。希尔夫妇和儿子早先就决定捐献希尔的全部遗产，成立希尔基金会，永远为成功事业服务。希尔博士堪称成功学家的典范。

本书重点强调如何教育、培养和训练人的非智力素质，尤其强调"心想"

和"行动"，认为"心想"加"行动"才是取得成功的秘诀。因为没有"心想"，就没有目标；没有"行动"，就实现不了目标。因此，只要为实现明确的目标而坚持不懈地行动，人人都能成功！

成功学是对各行各业、成千上万成功人士成功经验的概括和总结，是成功人士成功规律的集中体现，是人们争取成功的强大精神武器。所以，成功学不应该成为少数富豪、大官、名人和精英的专利，而应该成为亿万大众争取成功的法宝！

美国《成功》杂志的创办人、伟大的成功学导师奥里森·马登在他誉满全球的名著《伟大的励志书》第一版前言中写道："对青年人而言，最理想的书应该是这样的——它必须包含各种各样具体的例子，青年们可以以此作为完善自己的基础，作为激励自己的素材；它的内容必须是积极向上的，能给人以活力，并为人提供建议和启迪；它必须避免陷入两种极端：仅仅是大量材料的堆砌，或者仅仅陷于空洞的说教；它必须包含大量激动人心的、讲述那些成功人士是如何征服困难获得成功的例子。"

可见，马登的要求是很高的，本书的水平远达不到这个要求。但是，我是把马登的要求作为奋斗目标的，并尽最大的努力向这个目标靠近。

张秀玉
2019 年 1 月 30 日于北京

目 录

第一篇　启动成功的发动机 ……………………………………… 001

第一讲　培养积极的心态 ……………………………………… 002
何谓积极的心态 …………………………………………………… 002
两种心态的不同回报 ……………………………………………… 003
积极心态的奇效 …………………………………………………… 004
如何培养积极的心态 ……………………………………………… 005
成功实例 …………………………………………………………… 007
　　（一）周有光：我年纪老了，思想不老 ……………………… 007
　　（二）94岁秦怡自编自演新片：《青海湖畔》 ……………… 008
　　（三）张秀玉：六十岁是青年 ………………………………… 009

第二讲　增强个人进取心 ……………………………………… 011
何谓个人进取心 …………………………………………………… 011
个人进取心的主要特质 …………………………………………… 012
如何培养个人进取心 ……………………………………………… 013
成功实例 …………………………………………………………… 015
　　（一）进取心使盲人教授杨佳走向光明世界 ………………… 015
　　（二）周文倩：大山里走出的"女蛇王" …………………… 019

目 录

　　（三）26岁富翁：毕业两年，身价千万 …………………… 022

第三讲　坚定必胜的信心 …………………………………… 027

　信心可以克服万难 ………………………………………… 027

　何谓信心 …………………………………………………… 029

　信心是成功的发电机 ……………………………………… 029

　拥有自信的方法 …………………………………………… 030

　成功实例 …………………………………………………… 030

　　（一）张海迪：用坚强书写人生答卷 ………………… 030

　　（二）"打工皇后"吴士宏 ……………………………… 035

　　（三）无臂小伙练就双脚弹钢琴 ……………………… 038

第二篇　定好成功的指南针 …………………………… 043

第四讲　明确自己的目标 ………………………………… 044

　有目标才会成功 …………………………………………… 044

　目标是构筑成功大厦的砖石 ……………………………… 045

　明确目标的要求 …………………………………………… 048

　应该确定哪些目标 ………………………………………… 050

　如何制定和实施目标 ……………………………………… 051

　成功实例 …………………………………………………… 053

　　（一）海尔的成功源自张瑞敏的梦想 ………………… 053

　　（二）张秀玉：我为何选攻企业战略管理？ ………… 056

第五讲　经营自己的强项 ………………………………… 058

　找准强项是成功的关键 …………………………………… 058

　科学寻找制胜的强项 ……………………………………… 059

　快速挖掘自己的强项 ……………………………………… 061

　巧妙经营自己的强项 ……………………………………… 064

　成功实例 …………………………………………………… 068

　　（一）要做铁打的营盘，不做流水的兵 ……………… 068

　　（二）"卖猪肉比卖电脑还要有技术含量" …………… 070

第三篇　握好成功的方向盘 ········· 073

第六讲　控制注意力　074

目标专一："我只做一件事" ········· 075
控制注意力与"和谐吸引律" ········· 076
控制注意力和自我暗示 ········· 079
成功实例 ········· 079
（一）"指甲钳大王"梁伯强 ········· 079
（二）张跃的专注和偏执 ········· 082

第七讲　强化自律　083

控制你的情绪 ········· 083
了解思想的结构 ········· 085
增强你的意志力 ········· 086
成功实例 ········· 087
（一）索尔仁尼琴写作《红色车轮》 ········· 087
（二）求伯君："中国的比尔·盖茨" ········· 088
（三）我是怎样学英语的？ ········· 089

第四篇　强化成功的推进器 ········· 091

第八讲　保持热忱　092

控制热忱的好处 ········· 093
如何培养热忱 ········· 094
成功实例 ········· 097
（一）刘永好：企业家首先要有激情 ········· 097
（二）马云：用激情把一个人的理想变成众人的理想 ········· 098

第九讲　多付出一点点　101

成功与失败只差一点点 ········· 101
多付出一点点的典范 ········· 102
多付出一点点的好处 ········· 104
多付出一点点的本质是行动 ········· 106
成功实例 ········· 107
（一）袁隆平：从乡村教师到"杂交水稻之父" ········· 107

目 录

  （二）杨元庆：从销售员到董事长 ⋯⋯⋯⋯⋯⋯⋯⋯⋯⋯ 109
  （三）"门业教父"夏明宪的传奇 ⋯⋯⋯⋯⋯⋯⋯⋯⋯⋯⋯ 112

第十讲　善于从挫折和逆境中学习 ⋯⋯⋯⋯⋯⋯⋯⋯⋯⋯ 115
 挫折不等于失败 ⋯⋯⋯⋯⋯⋯⋯⋯⋯⋯⋯⋯⋯⋯⋯⋯⋯⋯ 115
 挫折是一种幸福 ⋯⋯⋯⋯⋯⋯⋯⋯⋯⋯⋯⋯⋯⋯⋯⋯⋯⋯ 116
 逆境是最好的学校 ⋯⋯⋯⋯⋯⋯⋯⋯⋯⋯⋯⋯⋯⋯⋯⋯⋯ 117
 如何对待挫折与逆境 ⋯⋯⋯⋯⋯⋯⋯⋯⋯⋯⋯⋯⋯⋯⋯⋯ 119
 成功实例 ⋯⋯⋯⋯⋯⋯⋯⋯⋯⋯⋯⋯⋯⋯⋯⋯⋯⋯⋯⋯⋯ 120
  （一）吴一坚："苦难是最好的老师" ⋯⋯⋯⋯⋯⋯⋯⋯ 120
  （二）俞敏洪：失败是我人生的新起点 ⋯⋯⋯⋯⋯⋯⋯ 122

第五篇　开动成功的创新机 ⋯⋯⋯⋯⋯⋯⋯⋯⋯⋯⋯⋯⋯ 127

第十一讲　学会正确地思考 ⋯⋯⋯⋯⋯⋯⋯⋯⋯⋯⋯⋯⋯ 128
 运用正确思考的力量 ⋯⋯⋯⋯⋯⋯⋯⋯⋯⋯⋯⋯⋯⋯⋯⋯ 128
 正确思考的方法和步骤 ⋯⋯⋯⋯⋯⋯⋯⋯⋯⋯⋯⋯⋯⋯⋯ 129
 正确思考面临的两大障碍 ⋯⋯⋯⋯⋯⋯⋯⋯⋯⋯⋯⋯⋯⋯ 130
 如何破除正确思考的障碍 ⋯⋯⋯⋯⋯⋯⋯⋯⋯⋯⋯⋯⋯⋯ 130
 思考习惯的形成 ⋯⋯⋯⋯⋯⋯⋯⋯⋯⋯⋯⋯⋯⋯⋯⋯⋯⋯ 131
 成功实例 ⋯⋯⋯⋯⋯⋯⋯⋯⋯⋯⋯⋯⋯⋯⋯⋯⋯⋯⋯⋯⋯ 132
  （一）汪海的成功奥秘 ⋯⋯⋯⋯⋯⋯⋯⋯⋯⋯⋯⋯⋯⋯ 132
  （二）"宗氏兵法"与"娃哈哈模式" ⋯⋯⋯⋯⋯⋯⋯ 133

第十二讲　培养想象力和创造力 ⋯⋯⋯⋯⋯⋯⋯⋯⋯⋯⋯ 137
 想象力的无穷威力 ⋯⋯⋯⋯⋯⋯⋯⋯⋯⋯⋯⋯⋯⋯⋯⋯⋯ 137
 爱迪生发明灯泡——综合性的想象力 ⋯⋯⋯⋯⋯⋯⋯⋯⋯ 138
 沃尔伍兹创办"十美分连锁店"——创造性的想象力 ⋯⋯ 138
 盖特的隔音室——创造力超越想象力 ⋯⋯⋯⋯⋯⋯⋯⋯⋯ 139
 如何培养创造力 ⋯⋯⋯⋯⋯⋯⋯⋯⋯⋯⋯⋯⋯⋯⋯⋯⋯⋯ 140
 成功实例 ⋯⋯⋯⋯⋯⋯⋯⋯⋯⋯⋯⋯⋯⋯⋯⋯⋯⋯⋯⋯⋯ 141
  （一）只要你能想到，就一定能够做到！ ⋯⋯⋯⋯⋯⋯ 141
  （二）清华"学霸"三度创业 ⋯⋯⋯⋯⋯⋯⋯⋯⋯⋯⋯ 146
  （三）活到老，发明创造到老 ⋯⋯⋯⋯⋯⋯⋯⋯⋯⋯⋯ 148

（四）李彦宏：认准了就去做 ·················· 150

第十三讲　组织智囊团　153
你可以得到自己所需要的一切知识 ·················· 153
如何组织智囊团 ·················· 154
如何维系智囊团 ·················· 155
成功实例 ·················· 156
（一）"无知者"亨利·福特为何能成功？ ·················· 156
（二）花1200万元做咨询值不值？ ·················· 157

第六篇　夯实成功的奠基石　159

第十四讲　保持健康　160
健康的内涵 ·················· 160
健康是无价之宝 ·················· 161
健康是成功的保证 ·················· 162
健康的期限——人究竟能活多久 ·················· 163
怎样才能健康长寿 ·················· 163
成功实例 ·················· 168
（一）周有光的长寿秘诀 ·················· 168
（二）109岁郑集教授：百岁之年写完养生经 ·················· 169
（三）廖静文的精神治疗法 ·················· 171
（四）张秀玉的健康座右铭——健康96字诀 ·················· 172

第十五讲　培养吸引人的个性　173
何谓个性 ·················· 173
令人喜爱的个性 ·················· 174
诚信是个性的最高追求 ·················· 180
成功实例 ·················· 181
（一）诚信是我的"圣经" ·················· 181
（二）诚信使周大虎从流浪汉变为亿万富翁 ·················· 183

第十六讲　培养良好的习惯　186
宇宙习惯力量 ·················· 186
改掉坏习惯，培养好习惯 ·················· 187

目录

控制意志力，培养好习惯 ······ 188
成功实例 ······ 189
（一）本杰明·富兰克林如何培养良好的习惯？ ······ 189
（二）张秀玉的"雷打不动"与"二次创业" ······ 193

第十七讲　预算时间和金钱 ······ 195
时间就是生命，时间就是金钱 ······ 195
实干家与流浪汉 ······ 196
预算你的时间 ······ 197
预算你的金钱 ······ 200
成功实例 ······ 201
（一）鲁冠球的时间安排 ······ 201
（二）李嘉诚最疼"第三个儿子" ······ 203

第十八讲　鼓励团队合作 ······ 204
何谓团队合作 ······ 204
团队合作的力量 ······ 205
如何激发团队的合作精神 ······ 206
成功实例 ······ 207
（一）广州利码公司老板的用人之道 ······ 207
（二）马化腾和他的五人创业团队 ······ 211

寄语篇　克服恐惧，走向成功 ······ 213
何谓恐惧 ······ 214
恐惧的基本形态 ······ 214
恐惧是人类的大敌 ······ 216
消除恐惧的解药 ······ 217
成功的秘诀和公式 ······ 218

参考文献 ······ 221

第一篇

启动成功的发动机

一部汽车要想飞奔，首先必须启动发动机，然后才能产生动力，从而靠动力顺利到达目的地。一个人不管他多么聪明，知识多么渊博，经验多么丰富，如果想健康成长，取得成功，首先也必须有争取成功的动力，并在这种动力的推动下不懈地奋斗。否则，他就会像汽车缺乏发动机一样而变为废物。人要想产生争取成功的动力，首先必须做到"三心"，即培养积极的心态、增强个人进取心和坚定必胜的信心。

第一讲

培养积极的心态

成功箴言

你的心理就是你的不可见的法宝。它的一面装饰着"积极的心态"五个字,另一面装饰着"消极的心态"五个字。积极的心态具有吸引真、善、美的力量,消极的心态则排斥它们。正是消极的心态剥夺了一切使你的生活有价值的东西。

——拿破仑·希尔

原理与指南

积极的心态是成功学十八条原则中最重要的一条原则,成功就是通过积极的心态并结合其他十七条原则中的一两条原则取得的。本讲先谈积极的心态这一原则。

何谓积极的心态

人们在成长、学习、工作和生活中,会遇到各种各样的困难和挫折,如失恋、失业、疾病等。面对人生历程中的这些问题,不同的人有不同的态度,不同的态度就会有不同的结果。一种态度是垂头丧气,一蹶不振,失去信心,最终失败;另一种态度则是寻找原因,总结教训,坚定信心,继续前进,不达目的,誓不罢休。著名的"发明大王"爱迪生就是后者的一个典范,他为了发明电灯,试验了一万多次,最终取得了成功。他认为,暂时的挫折并不等于失败，而是走向最后成功的阶梯。

人们遇到问题时都会有自己的态度，这种态度就叫作"心态"。对于同一个问题，人们会有不同的心态，一种是积极的心态，另一种是消极的心态。

所谓积极的心态，是指在看待事物时承认其既有好的一面，也有坏的一面，但强调好的方面，从而产生良好的愿望与结果。当我们朝好的方面想时，好运便会来到。积极的心态是一种任何人在任何情况或任何环境下所持有的正确、诚恳、具有建设性，同时也不违背法律和人类权利的思想、行为或反应；它允许我们扩展自己的希望，并克服所有消极心态；它会给我们实现愿望提供精神力量、热情和信心。积极的心态是迈向成功不可或缺的要素，是一切成功的基础，是成功学中最重要的一项原则。

两种心态的不同回报

心态这一看不见的法宝会产生两种惊人的力量：它既能让我们获得财富，拥有幸福，健康长寿；也能让这些东西远离我们，或剥夺一切使我们的生活富有意义的东西。在这两种力量中，积极的心态可以使我们达到人生的顶峰，尽享人生的快乐与美好；消极的心态则可以使我们在整个人生中都处于一种底层的地位，困苦与不幸一直缠身。当我们已经到达顶峰的时候，如果消极的心态又征服了我们，那么它将会把我们从顶峰拽下，使我们跌入谷底。

积极的心态是正确的心态。正确的心态总是具有"正能量"的特点，如忠诚、正直、希望、乐观、勇敢、创造、慷慨、容忍、机智、亲切和高度的通情达理。具有积极心态的人，总是怀着较高的目标，并不断地奋斗，以达到自己的目标。消极的心态则具有与积极的心态完全相反的特点。希尔博士和斯通总裁在多年研究众多成功者之后得到的结论是：他们所共有的一个简单的秘密就是具有积极的心态。

因此，对一个人事业和生活的成功来说，心态真可谓太重要了。如果我们保持积极的心态，控制了自己的思想，并引导它为我们明确的人生目标服务的话，那么就能享受到下列良好的回报：

（1）带来成功意识和成功环境。

（2）生理和心理的健康。

（3）独立的经济收入。

（4）能实现自我价值的工作。

（5）内心的平静。

（6）驱除恐惧和坚定的信心。

（7）长久的友谊。

（8）长寿及和谐平衡的生活。

（9）免于自我设限。

（10）了解自己和他人的智慧。

相反，如果我们抱着一种消极的心态，而且使之渗透到我们的思想之中，影响我们的工作和生活，那么将会尝到下列苦果：

（1）贫穷与凄惨的生活。

（2）生理和心理的疾病。

（3）使自己变得平庸的自我设限。

（4）恐惧及所有具有破坏性的结果。

（5）限制我们创造帮助自己的方法。

（6）敌人多、朋友少的处境。

（7）产生人类所知的各种烦恼。

（8）成为所有负面影响的牺牲品。

（9）屈服在他人的意志之下。

（10）过着一种毫无意义的颓废生活。

既然如此，那么我们是选择积极的心态还是消极的心态？如果我们不选择前者，并且紧紧抓住它的话，后者就会自动送上门来，二者之间没有任何折中和妥协。所以，我们必须在两者之间选择其一。

积极心态的奇效

著名心理学家威廉·詹姆斯说过："世界由两类人组成：一类是意志坚强的人，另一类是心志薄弱的人。后者面临困难挫折时总是逃避，畏缩不前。面对批评，他们极易受到伤害，从而灰心丧气，等待他们的也只有痛苦和失败，但意志坚强的人不会这样。他们来自各行各业，有体力劳动者，有商人，有母亲，有父亲，有教师，有老人，也有年轻人，然而内心中都有股与生俱来的坚强特质。所谓坚强的特质，是指在面对一切困难时，仍有内在勇气承担外来的考验。"

詹姆斯说的两类人，第一类持有的是积极的心态，第二类持有的是消极的心态。那么，为什么积极的心态会产生如此大的力量呢？其实，积极的心态并不具有神奇的魔力，可以无中生有，给失业者变出一个工作，给贫穷者生出亿万财富，而是一切都有迹可循，最终还得靠我们自己。拥有积极心态的人只不过是及时调整了自己的心态，改变了自己的思考和行为方式，而且实事求是地分析了事实。一个心态积极的人并不会否认消极因素的存在，他只是学会不让自己沉溺其中。积极的心态要求我们在生活的一点一滴中学会积极思考，积极思考是一种思维模式，它使我们在面临恶劣的情形时仍能寻求最好的、最有利的结果。换句话说，在追求某种目标时，即使举步维艰，仍有所指望。无数事实也证明，当我们往好的一面想时，我们便有可能获得成功。

实际上，从一个人现在的思维模式便能预测一个人将来能否成功。人的成就绝不会超过一个人的所想，心存高远成就必大，燕雀之志只能是小打小闹。

思想是行为的先导。如果一个人预先想到自己的成功，便会去实施使自己成功的行为。只要我们拥有积极的心态，每个人都会成功。即使诸事不顺，也不会轻言放弃，并认为自己与成功无缘。人生中，我们会遇到无数挫折、困难及烦恼，但只要秉持真诚的信念，勇敢面对人生，坚信好运必来，就能突破重围，使任何难题迎刃而解。这一点适用于每一个人，每一种场合。

如何培养积极的心态

我们必须培养积极的心态，使自己的生命按照自己的意图发展，没有积极的心态就无法成就大事。要记住：心态是一个人唯一能完全掌握的东西，要练习控制自己的心态，并且利用积极的心态来导引自己的行动。

那么，应该如何培养积极的心态呢？拿破仑·希尔总结了他一生所访问过的成功人士的经验，提出了36种方法。这里，仅将我认为最重要的18种方法介绍如下，想要学习全部方法的读者，请阅读希尔的原著《积极心态的力量》。

（1）切断和过去失败经验的所有关系，消除脑海中与积极的心态背道而驰的所有不良因素。

（2）找出你一生中最希望得到的东西，把它定为你的目标，并立即着手去实现它。

（3）确定你实现目标所需要的资源，并制订得到这些资源的计划，所订的计划既不要太过度，也不要太不足。

（4）集中你的全部思想来做你想做的事，而不要留半点思维空间给那些胡思乱想的念头。

（5）采用多种方法，培养每天说或做一些使他人舒服的话或事，日行一善，可永远保持无忧无虑的心情。

（6）使你自己明白一点：打倒你的不是挫折，而是你面对挫折时所抱的心态，并训练自己在每一次逆境中都能发现与挫折等值的积极面。

（7）务必使自己养成精益求精的习惯，并以你的爱心和热情发挥这种习惯，最好能使这种习惯变成一种嗜好。

（8）主动和你曾经以不合理的态度冒犯过的人联络，并向他致以最诚挚的歉意，这项任务愈困难，你就愈能在完成道歉时摆脱掉内心的消极心态。

（9）改掉你的坏习惯，连续一个月每天减少一项恶习，并在一周结束时反省一下成果。

（10）以适合你生理和心理特点的方式生活，使自己多多活动，以保持自己的身心健康。

（11）你应懂得：爱是你生理和心理疾病的最佳药物，爱会改变并且调适你体内的化学元素，使它们有助于你表现出积极的心态，并会扩展你的包容力。接受爱的最好方法就是付出你自己的爱。

（12）增加自己的耐性，并以开阔的心胸包容所有事物，同时也应与不同种族和不同信仰的人多接触，学习接受他人的本性，而不要一味地要求他人照着你的意思行事。

（13）以相同或更多的价值回报曾给过你好处的人。

（14）驱除对年老的恐惧，岁月消逝，但换来的却是智慧，它必然会给你带来等价或更高价的东西。

（15）要诚信，随时随地都应表现出真实的自己，没有人会相信骗子的。

（16）请相信：只有你自己才是唯一可以随时依靠的人。因为，你拥有世界上最有价值的财产——健全的思想，有了它，你就可以自己决定自己的命运。

（17）相信宇宙中"无穷智慧"的存在，它会使你产生掌握思想和引导思想所需要的所有力量。

（18）最后，立即行动！坚持行动！连续六个月每周将以上各条阅读、对照一次，六个月之后你将会脱胎换骨。

总之，只要我们真正培养了自己的积极心态，就会发现，在世界上所有的人中，最重要的人只有一个，那就是我们自己。积极的心态是我们的法宝和力量。培养了积极的心态，我们就能够始终怀着较高的目标，不断地奋斗，从而达到自己的目标。

成功实例

（一）周有光：我年纪老了，思想不老

2016年1月13日，周有光先生就111岁了（虚岁）。这个老人一辈子活出了别人几辈子的质量：50岁以前，他一手教育，一手经济。50岁以后，他参与文字改革，转型成语言文字学家，是汉语拼音方案的主要研究者和制定者之一。85岁，他离开办公室，蜗居在小书房中，成了一个心怀天下的"启蒙思想家"。90多岁，他说自己"活一天多一天"。周有光先生在108岁生日时说："80岁生活才开始，之前不算，这么算今年我28岁了，100岁还得继续学习！"百岁之后，他常常自嘲"上帝太忙了，把我忘在这个世界上"。

话虽如此，多得的时间，他却并未虚度。他的《百岁新稿》《朝闻道集》《拾贝集》分别在100岁、104岁、105岁问世。"这几本书表明，周老是中国当代思想文化史上一个绕不开的人物，一位重要的启蒙思想家。"《财经》杂志主笔马国川说。正因如此，108岁开始，学者们开始自发地为老先生举办座谈会庆生，希望以此"在文化思想界凝聚共识，推动中国社会的进步"。马国川介绍，2016年的主题是"走向世界，走向文明"。因为，周老的一个重要思想就是"中国一定要走向现代文明——所有的国家都在同一条道路上竞赛，即使一时走到了弯路上，最后还要走到人类共同的文明道路上。"

据专家刘志琴称，查遍古今中外，没有发现像周有光先生这样100岁之后还不断推出新著的，"他不仅是中国唯一，也是世界唯一"。

资料来源：祖薇. 周有光：我年纪老了，思想不老[N]. 北京青年报，2016-01-11.

(二) 94岁秦怡自编自演新片：《青海湖畔》

2015年，94岁的秦怡携其出品、编剧并主演的电影《青海湖畔》亮相上海。满头银发、神清气爽的秦怡否认《青海湖畔》是她的封箱之作，"这并不是我的最后一部，我还在酝酿新的剧本"。自言要"活到老，演到老"的秦怡透露："我每天都有新的灵感，新的创作热情，而这些灵感和热情都来自于生活。"

秦怡早已是万众知晓的中国电影里程碑式人物，秦怡笑称："我已经有80多年的工龄了，但总想再为中国电影做些什么。"近些年，秦怡并未因高龄而退出影坛，她偶尔还会出现在影视作品里，但是2014年9月，当秦怡决定亲自踏上青藏高原为新片取景时，还是震惊了所有人。

在《青海湖畔》中，秦怡一人包办了出品人、编剧、演员三个角色。说起为何如此用心专注于这部影片时，秦怡介绍自己是被那个时代的人和事打动，"我当时是看到一个报道，知道有这样一件事，给我印象很深，好几年都无法忘记，现在终于有机会拍出来。"

《青海湖畔》以青藏铁路建设为时代背景，以女主人公梅欣怡的回忆串起长达30年的故事。在影片中，秦怡以93岁的高龄饰演60岁的梅欣怡，对于跨越30年的年龄界限扮演这个角色，并要与30多岁的新疆歌舞团的男演员在戏中演"情感对手戏"，秦怡表现得信心十足，"没有怎么化妆，就戴了一个黑发头套，连我脸上的皱纹也和人物的差不多。演员演员，就是要演嘛"。

一位90多岁高龄的老人不用替身亲自上阵攀登青藏高原，坚持一个月的实景拍摄，人们心中都捏了一把汗。而有着抗日战争经历的秦怡说："抗战时期，'8·13'上海四行仓库保卫战中，我在前线做医护工作，抬过担架，背过伤病员，拍戏也和打仗一样，导演一声'咔'，火里也要站，水里也要跳。无论在拍戏中遇到多大的困难，只要戏拍出来了，就是最大的胜利。"

从筹拍到开机再到后期制作，《青海湖畔》前后历时十多载，期间也遭遇了一些筹资困难，在赴青海拍摄时才终于有了第一位投资人。于是，大队人马终于在封山前奔赴青藏高原开始了拍摄。虽然《青海湖畔》中有无与伦比的自然景色，又用了一部分特技来支持一些极难取景的灾难性场面，加上演员内心戏的充垫，可看性很高，但相比现在大多数一掷上亿的"眼球片"，二千多万的投资实在算是"小儿科"。值得一提的是，为影片配唱主题曲的毛阿敏自告奋勇当了回义工，作为编剧、演员的秦怡也是分文不取，"还有佟瑞欣一分钱也不拿，我们比较省一点，人就吃苦多一点，这样可以把主要资金用在后期制作上"。

《青海湖畔》送审的时候，原本20天的审查流程，仅用2小时就通过了。秦怡感言："现在的影片，打打杀杀风花雪月寻求刺激的多，追求内心世界的却并不多。这部影片不仅有艺术性，也有一定的思想高度，每个影院都该放放。"对于外界传言《青海湖畔》是她的封箱之作，秦怡并不认可，"这并不是我的最后一部，我还在酝酿新的剧本，我平时看到什么听到什么，都会觉得是不错的题材。戏从生活中来，好的编剧、好的演员要去生活。"

资料来源：肖扬. 94岁秦怡自编自演新片：这不是我最后一部电影［N］. 北京青年报，2015-06-25.

（三）张秀玉：六十岁是青年

如何看待60岁？传统观念是："60岁是老年，是人生工作的终点。"而我却说："60岁是青年，是第二次创业的开端。"我的理由是什么呢？请看我在60岁生日时写的一首短诗和一篇短文：

六十岁赞
——六十岁生日有感

六十岁是青年，
六十岁是人生的黄金阶段，
六十岁是第二次创业的开端，
六十岁是第二次青春的起点。

六十岁是青年

科学家根据细胞学、胚胎学、遗传工程学、神经学、基因学等学说研究的成果表明，人能够活到150岁。60岁还不到人寿命的一半，所以应该属于青年。

1990年，我国第四次人口普查时发现，百岁以上的老人达6434人。其中，年龄最大者达136岁。与第三次人口普查结果相比，全国百岁老人增加了2583人。

以上事实说明，科学家提出的"人能够活到150岁"是完全可能的。据路透社1993年5月12日报道，一个密切注视人口趋势的世界性组织机构说，1993年世界人口达55亿人，而百岁老人约有4万人。虽然百岁老人仍然是极少数，但世界各国的人口普查资料显示，人的寿命越来越长，长寿老人的人数呈上升趋势。

科学发展史的史料也证明，人取得重大科研成果的黄金时期往往在60~70岁期间。例如，从1987年至1989年，世界诺贝尔奖获得者的平均年龄是：物理学奖60岁，医学奖61.6岁，文学奖65.7岁，经济学奖73.3岁。可见，60~70岁应该是人生的黄金阶段。

所以，英国前首相撒切尔夫人说："真正的人生，是从65岁开始的。"60岁应该是人的青年时期，是人生的黄金阶段，是能够继续大有作为的时期，应该热情加以赞颂。任何把60岁（即退休）视为"人生末日"的观点不仅是违背科学的，而且是极其有害的。

第二讲

增强个人进取心

成功箴言

　　个人进取心是不需要别人提醒，而能主动地去做需要做的事情。虽然这是人的各种个性中最优秀的一种素质，但也是许多人忽视的一种素质。多付出一点点可培养你的个人进取心，因为你不是在等待事情的发生，而是主动使事情发生。

——拿破仑·希尔

原理与指南

　　成功学的奠基者和第一代宗师、"钢铁大王"安德鲁·卡耐基曾告诉拿破仑·希尔："有两种人绝不会成大器：一种是除非别人要他做，否则绝不主动做事的人；另一种人则是即使别人要他做，也做不好事情的人。那些不需要别人催促，就会主动去做应做的事，而且不会半途而废的人必将成功。"这种人懂得要求自己多付出一点点，而且做得比别人预期的更多。换句话说，这种人具有个人进取心。

何谓个人进取心

　　拿破仑·希尔告诉我们："进取心是一种极为难得的美德，它能驱使一个人在不被吩咐应该去做什么事之前，就能主动地去做应该做的事。"

　　另一位成功学大师胡巴特对"进取心"做了更详细的说明：

什么是"进取心"？我告诉你，那就是主动去做应该做的事情。

仅次于主动去做应该做的事情的，就是当有人告诉你怎么做时，要立刻去做。

更次等的人，只在被人从后面踢时，才会去做他应该做的事，这种人大半辈子都在辛苦工作，却又抱怨运气不佳。

最后还有更糟的人，这种人根本不会去做他应该做的事，即使有人跑过来向他示范怎样做，并留下来陪着他做，他也不会去做。他大部分时间都在失业中，因此，易遭人歧视，除非他有位有钱的爸爸。但如果是这种情形，命运之神也会拿着一根大木棍躲在街头拐角处，耐心地等待着。

你属于上面的哪一种人呢？

可见，个人进取心是使人从想象转化为行动的发电机，是促使行动贯彻始终的力量，也是实现目标必不可少的要素。归结为一句话，个人进取心事实上就是一种自我激励的力量。只要有了这种力量，一个人就可以将自己的各种梦想、理想、希望、欲望、目标等内心的追求转化为实际的行动，并且能够贯彻始终，坚持到底，直到实现自己的追求。

个人进取心的主要特质

在无数具有非凡成就的人身上，都会表现出一些共同的特质。我们现在要做的一件重要的事就是反省一下自己是否具备这些特质，并思考如何增加以及强化这些特质。

- 确定明确的目标。
- 不断强化确立目标的动机。
- 成立智囊团以期获得达到目标的力量。
- 独立的个性。
- 自律的意志。
- 以"赢的意志"为基础建立起来的坚毅精神。
- 活跃开放并有所节制的丰富想象力。
- 迅速且明确的决策习惯。
- 以事实为根据发表意见而非主观猜测。
- 要求自己多付出一点点的习惯。

- 激发热忱和控制热忱的能力。
- 重视细节和精益求精的习惯。
- 听取批评而不动怒的能力。
- 熟悉十项基本的行为动机。
- 一次专注于一项工作的能力。
- 为自己的行为负更多责任的能力。
- 为属下的过失承担所有责任的胸怀。
- 对属下和朋友付出耐心。
- 随时保持积极的心态。
- 运用信心的能力。
- 贯彻到底的习惯。
- 强调质量而非强调速度的习惯。
- 诚实守信。

毫无疑问，其中有许多特质是我们所熟悉的，有人可能认为自己已经有这些特质了。但是，上述成功特质的本质在于，这些特质都是息息相关的，我们不可能只发挥其中一项而不去理会其他项。试想：一个人如果不经由个人进取心来运用信心，又怎能发挥信心的作用呢？而一个人在没有确定目标的情况下，又怎能发挥个人进取心呢？显然，我们无法分开它们。但是，能够启动成功行为的动力源是个人进取心，能将上述成功特质串联起来的主线也是个人进取心。所以，培养个人进取心是将各种期望转化成现实的首要环节。

如何培养个人进取心

个人进取心是一种激励我们前进的、最有趣而又最神秘的力量，它存在于我们每个人的生命中，就像我们自我保护的本能一样。正是进取心这种永不停息的自我推动力，激励着人们向自己的目标前进。那么，如何培养个人进取心呢？

首先，要有永不满足感。

成功学大师罗伯逊说："如果一个人对自己的现状很满意，他就会停滞不前。人当然不应该对自己的命运感到失望和不满，但人永远不应该满足。"人生好像是爬山一样，我们必须有到达山顶的雄心壮志，否则永远无法爬到顶端。如果一个人感到不满足，就会环顾左右前后，从而可能发现许多发展的机会。这些可能性起初似乎是一些模糊的梦想，但这些梦想恰恰是由不满足而来。可见，有了不满足，便会产生一种梦想，接着就会把梦想变为目标，再变为行动，如能将行动坚持到底，那就必然会取得成功。

对于一个满足于现状的人来说，他没有任何更好的想法、更美好的愿望，他不知道，正是不满足造就了人类伟大的精英。因为只有不满足的激情，才会促使我们产生改变现状的进取心，才会激励我们去追求完美。这既是人们争取成功的最终动力源泉，也是人类进步的奥秘。不满足能激励人们从弱者变成强者，从失败走向成功，从苦难走向幸福，从贫穷走向富裕。

其次，要有自己的梦想。

希望是成功的原料，它可以转变成信心，再变成决心，最后付诸行动。希望来自一个人的梦想，从一个人的想象中萌芽。如果一个人有梦想，即便不能实现，也还是有价值的，因为梦想可使一个人看到许多可能的机会，这是别人难以见到的。

人们在童年时代，大多充满了各种幼稚的梦想。"钢铁大王"卡耐基15岁的时候，便对9岁的小弟弟汤姆谈论他的种种希望和志向。他说假如他们长大些，他要组织一个卡耐基兄弟公司，赚很多的钱，以便能够替父母买一辆马车。他们天天玩着"假如"的游戏，自然而然地在他们的内心便保持了许多梦想。等到机会真正来临的时候，他便在现实中抓住，将梦想变为现实。

再次，要有远大的目标。

伟大的思想家和诗人歌德说："人的一生中最重要的就是要树立远大的目标，并且以足够的才能和坚强的忍耐力来实现它。"现实生活中，很多人一生都做着简单平常的事，他们似乎很满足，但实际上他们完全有能力干一些更高级的事情。因为他们的期望值很低，所以不可能从一点一滴做起，开创一项伟大的事业。也就是说，生活目标的狭隘限制了他们确立宏大的目标。

雄心壮志能够为美丽的人生奠定可靠的基石。它督促我们去完成目标，帮助我们抵抗那些足以毁灭我们前途的诱惑。只有伟大目标的激励，只有执着地追求有意义的人生，一个人才能在世界上做出一番大的成就。只有不安于现状、追求完美、精益求精的人，才会成为胜利者。

有人问美国一位薪水很高的职业经理人成功的秘诀是什么，那人回答说：

"我还没有成功呢！没有人会真正成功。前面总是有更高的目标。"只有小人物才会认为自己是成功者，而真正伟大的人物从没有达到过他们的目标。因为随着他们的进步，他们的标准会越定越高；随着他们眼界的开阔，他们的进取心会逐渐增长。

最后，要有坚韧不拔的意志力。

我们总是计划着未来的生活，但是，如果我们不坚持不懈地努力，将其变为现实，那么这些计划将永远只是计划，我们永远只是在纸上谈兵。试想一下，如果没有建筑工人的艰苦劳动，建筑设计师的蓝图就始终是一张纸而已。所以，要想将梦想变为现实，一定要做三件事：第一，将我们的目标具体化；第二，集中精力，全力以赴；第三，将目标变为现实。在这一过程中，所必需的条件都取决于我们自己，而不是别人。无论我们身在何处，拥有多少财富，能把我们的理想变为现实的，只有我们坚韧不拔的意志力。

成功实例

（一）进取心使盲人教授杨佳走向光明世界

按照世界卫生组织（WHO）的标准估算，目前全世界有4500万盲人。根据全国残联调查结果，我国目前视力残疾者有1200万人左右。在视力残疾者之中，中国科学院的盲人教授杨佳无疑是一位佼佼者。15岁时，她依靠进取心通过竞争从长沙考入郑州大学；21岁时，她来到北京，跨进了中国科学院研究生院的大门；37岁时，她最终迈入了世界顶级大学哈佛的殿堂，成为那里有史以来的第一位盲人学生；如今，她在教书育人、著书立说的同时，还担任着众多国际和国内的社会职务，活跃在校园以外与健全人的中间。这些年来，她享受过光明世界中的自信与成功，也品尝过黑暗国度里的痛苦与彷徨，但终究寻找到了两个世界之间的通道，让自己来去自由。她说："每个人眼前所拥有的，都是靠自身实力赢来的，每迈出的一步都与日后要走的路息息相关，并不存在健全人、残疾人之分。"她的眼睛虽然看不见，但进取心旺盛，自信心极强，心中充满一片光明。

最年轻的大学教师

1978年，国家恢复了高考制度，老师对还在读高中一年级的杨佳说，你去试试吧，就当一次练兵。没想到她真的从千军万马中杀出来，获得了郑州大学英语系的录取通知书。拿着通知书，杨佳有些发傻，毕竟她只有15岁，学校的教导主任觉得她太小，说等过一两年上大学也不迟。但是，她和家人还是决定接受这个全新环境的挑战。

对那时的杨佳来说，郑州是一个完全陌生的城市，而周围的同学大部分年长她六七岁，甚至十岁，他们都是经历十年的动荡岁月后好不容易跨进大学门槛的，非常珍惜学习的机会，个个都憋足了劲苦读。也许她天生就是一副不服输的性格，也许被大学校园的气氛深深感染，杨佳的成绩在全系遥遥领先，让那些一度不把她当回事的大哥哥、大姐姐自叹不如。外籍教师惊异于她的英语听力和写作能力，哪里知道她床头的蜡烛每晚都亮到后半夜。因为学业优秀，还没等到毕业分配，杨佳就被提前留校，19岁的她成为校园里最年轻的大学英语教师。站在与自己几乎同龄甚至年长的学生面前，她初次品尝到了授业解惑带来的自信与乐趣。

然而，她并没有满足于此，进入更高学府继续深造一直是杨佳的梦想。两年后，她如愿以偿地考进了中国科学院研究生院，这所孕育中国科学家的学院吸引着她如饥似渴地汲取知识。

如果说有人天生适合当老师，杨佳就是一个。研究生还未毕业，她就常常被自己的老师派去代课。学生们喜欢她的讲课方式，为她献花，无形中竟给另外的老师带来了压力。24岁，她再一次成为研究生院最年轻的讲师。

半途失明，厄运天降

29岁之前，杨佳是上天的宠儿，拥有聪慧的头脑、文雅的气质、高挑的身材、令人羡慕的职业，生活不曾让她尝过任何失意的滋味。然而，厄运并不因为上天对她的眷顾而止步。

杨佳教的是英语写作，一般这门课都由外籍教师来担任，但学校希望培养自己的写作老师，就指派杨佳去教，教了整整8个学期，效果很好。

因为经常要让学生当堂写作，所以杨佳课后经常要批改作文。然而，她发觉一看学生的作文，眼睛就感到有些吃力。紧接着，上课念课文时开始串行，书上的字乍一看还清楚，再看就若有若无的，眨巴眨巴眼睛似乎又好了。起初，她看书做笔记时还用铅笔，因为觉得颜色太浅而改用钢笔，最后连碳素墨水也看不清了。不知不觉中，黑暗一点点地吞噬了她，她终于无处可逃了。

经同仁医院检查，结果是双眼黄斑变性，没有医治方法，失明只是早晚的问题，那时她才完全傻了。上午站在讲台上，她还能稳住自己，虽然眼前一片模糊，但还是照常讲课，粉笔、学生让她觉得自己还未被光明世界抛弃。下午跟着父母四处奔波，换来的却是一次次的失望，她知道幻想终究要破灭。

半途失明的人，就像一个不知所措的孩子，在两个世界里痛苦、徘徊，既怀念过去的时光，又畏惧已经存在的现实，这是一个难熬的心理历程。在求医的日子里，杨佳接触了很多眼睛不好的人，觉得彼此能够互相理解，她甚至一度依赖那个圈子不愿出来。

最年轻的盲人教授

然而，这是一项适者生存的对抗，她很清楚必须面对现实，击败懦弱的自己。中断了半年的教学之后，杨佳的身影又重新出现在校园里。她发现，在她所处的这个全新世界里，她的追求、她的课堂、她的学生并没有发生改变，改变的只是她与他们之间相处、交流的方式，她催促自己必须尽快学会。

一切都得从头再来，走了几十年的双腿要重新学习迈步了。她胳膊长腿长，学生时代曾经是排球队的，走路喜欢跨大步。过去从不以为然的马路牙子、家具的棱角、办公室地上的暖水瓶，竟让她吃了不少苦头。她也曾被没修剪过的树枝戳伤眼睛，不得不戴上眼镜防止再受外伤。

她还要转换阅读的方式，学会用指尖去触摸点状的文字，不仅是中文，还有英文。社会上几乎没有面向大龄盲人的盲校，她只能自学，四处拜老师，通过电话得到一些指点。她最大限度地发挥自己的听觉能力，一箱一箱地买磁带收录电台的英语广播，积攒各种资料，没有因为看不见而降低自己的教学标准，她依然被评为学院最年轻的副教授。

失明后，杨佳还写作出版了《研究生英语写作》《研究生英语阅读》等书，被多所高等学校定为研究生教材，她的导师兼恩师，被誉为"中国应用语言学界第一人"的李佩教授给予她高度评价并亲自为她的著作写序。不幸的变故并没有改变她生命的轨迹，反而使她的人生变得更加厚重起来。

"知人者智，自知者明。胜人者有力，自胜者强。"这是杨佳最喜欢的一句格言。为了教好课程、编好教材，她每天早早起床，收听当天的英语新闻，晚上很迟才睡。她接受新事物的能力超强，早早就运用语音系统软件上网收发邮件、扫描阅读文章、批改学生的电子文本作业，计算机已经成为她关注世界的另一双眼睛。

力争世界一流

杨佳一直自豪于自己任教的地方是中国科学家的摇篮，浓郁的学术气氛时时激励着她不断进取。学校提出要将自身办成国际知名、亚洲一流的高等学府，这让杨佳感到振奋，作为其中的一员，她渴望亲身感受什么是世界一流。

杨佳对自己的标准是不读则已，要读就读最好的。2000年，作为中国科学院派遣的高级访问学者，她以优异的成绩通过考试，进入美国著名学府哈佛大学肯尼迪学院攻读公共管理硕士（MPA）学位。当时国内还没有开设相关的课程，而肯尼迪学院的MPA专业在全美乃至全世界都是排名第一。杨佳成为哈佛大学有史以来唯一的一位来自国外的盲人学生。

肯尼迪学院是哈佛最国际化的学院，学生们来自世界各地，竞争十分激烈。对杨佳来说，要读的书实在太多了，因为机会难得，她选修了十几门课程，远远超出了学校的规定。在哈佛攻读学位，对谁都不是一件轻松的事，对杨佳而言，更是要花费常人几倍的精力。课堂上她和同学们一起听课、记笔记，不受半点特殊照顾，下课后她要先扫描老师布置的几百页资料，然后再一张张听计算机读盘。原来在国内使用的那些软件明显赶不上阅读的数量和速度了，她又自学了美国最新的语音系统软件。每天的时间就这样安排得满满的。

取得肯尼迪学院的MPA学位，需要8个学分，杨佳不仅在短短的一年时间里拿到了10个学分，而且各门成绩都是优秀。其中一门课程是哈佛大学顶尖教授大卫·戈根开设的"领导艺术"，杨佳凭借优异的表现和一篇题为《论邓小平的领导艺术》的论文，赢得了戈根教授的青睐，获得了全院最高分A+。按照规定，肯尼迪学院不允许教授打出如此高的分数，杨佳以她的实力和个人魅力，在哈佛又创造了一个奇迹。

一年之后的毕业典礼上，当主持人念到杨佳的名字时，全场几千名师生集体起立为这位了不起的盲人学生鼓掌，掌声久久不能平息。此情此景让杨佳深刻感受到这一年吃的苦都是值得的。肯尼迪学院的负责人在致中国残联主席邓朴方的信中这样写道："大家这样做，不仅是对她取得的巨大成绩的肯定，更是对她所代表的国家的美好、智慧，以及一系列重要思想的肯定……"

生命里的轮回

回国后，杨佳在研究生院开设了"经济全球化"和"沟通艺术"两门新课，这在哈佛大学都是顶尖教授所开设的课程，杨佳获得了他们的特别许可，希望在引进哈佛课程的同时，能结合中国的实例，打造出自己的品牌。在授课形式上，杨佳也借鉴世界一流大学的模式，开放自己的课堂，邀请不同领域的专家走上她的讲台。她认为，跨学科之间的交流可以让人看问题更加全面。新课的反响很好，学校还提出将她的课程作为远程教育内容，进一步推向全国。

新的研究方向并没有影响杨佳常规的教学内容，她还在带研究生和博士生的英语课程。忙于教学，让杨佳乐在其中。作家刘恒曾经为她写过一篇文章，文章用"读书—教书—听书—写书—再教书"来串联她的生活，这也许是她生命里注定要经历的轮回。

过去那段痛心的岁月已经过去，她不再多想，因为抛开眼睛，她已不觉得自己与别人有什么不同，遭遇痛苦反而使她更努力地去接近自己的梦想。她曾经连续被评为"全国先进工作者"，并荣获"第四届北京十大杰出青年"称号。从1997年至今，她还担任中国盲人协会副主席和北京市盲人协会副主席两项职务，为真正解决盲人的困难尽自己的一份智慧和力量。时任国务院副总理李岚清在得知杨佳的事迹后曾致函教育部长陈至立，高度赞扬了她乐观、自信、自强、爱国、敬业的精神。

中国科学院路甬祥院长在致研究生院党委的信中这样写道："从《科学时报》读到杨佳同志从哈佛学成归来，非常高兴，并为她坚韧不拔、追求卓越的精神所感动。从她身上我又一次看到当代中国青年的精神风貌。"

杨佳对这一切想得很清楚，每个人眼前所拥有的，都是靠自身实力赢来的，每迈出的一步都与日后要走的路息息相关，并不存在健全人、残疾人之分。她满怀激情地写道：

我看不见花朵，但我闻得到馨香；

我看不见书本，但我能获得知识；

我看不见阳光，但我也能绽放光芒；

我看不见远方，但我会走出自我；

我看不见你，但我想让你了解我的美好！

资料来源：佚名. 盲人教授杨佳：29岁后超越自我 轻松愉快走大路 [N]. 人民日报，2012-07-10.

（二）周文倩：大山里走出的"女蛇王"

在中国广西壮族自治区钦州市灵山县佛子镇大芦村，有位普通的农家妇女饲养了上千条眼镜蛇，几年时间就成为致富能手，她就是被当地人称作

第一篇 启动成功的发动机

"灵山女蛇王"的周文倩。

打工发现商机

周文倩出生在一个贫困家庭，为了让三个弟弟读书上学，作为老大的她初中毕业后便外出打工。2003年，周文倩和丈夫一起到灵山县城周围的养鸡场打工，一有空就从养鸡场进点鸡蛋到村里叫卖，一个鸡蛋才赚几分钱。有一次，下雨路滑，周文倩连人带车摔倒在地上，鸡蛋碎了一地。

养鸡场有很多孵不出小鸡的毛蛋和成活不好的小鸡，都会拿去扔掉。周文倩看着怪可惜的，就利用这些东西养了几十头猪。到了生猪出栏时，却因生猪市场价格下跌，辛辛苦苦一年下来，也只是基本上保本而已。

倔强的周文倩没有气馁。有一次，她帮养鸡场送一批毛蛋到武利镇给一个客户，才知道原来毛蛋是养蛇的最好饲料。她灵机一动，何不利用自己在养鸡场工作的便利条件，收集毛蛋做成饲料卖给养蛇的客户。

但是，仅靠卖这点饲料也没赚多少钱。养蛇的客户告诉她，一条五斤重的滑鼠蛇可以卖到六七百块钱，而投资成本不超过一百块。这样一算，一条蛇的利润就相当于她起早摸黑干一个月的收入。周文倩心里一亮：何不自己养蛇？

从月工资400元到年收入300万元

说干就干。2006年，周文倩东挪西借了5000元，购买了2000枚滑鼠蛇、眼镜蛇的蛇蛋，不够的部分就用毛蛋和养蛇户交换。按照养蛇户教的孵蛇方法，周文倩数十个日日夜夜无微不至地照顾着蛇蛋。不到三个月，蛇就长到像小孩的手臂那么粗。周文倩心里乐滋滋的，每天喂蛇、清洁，还观察、记录蛇的变化。

再过两个月就可以出栏了，命运却和周文倩开了一个残酷的玩笑。那是2008年5月12日，四川汶川发生了大地震，周文倩的养蛇场也在经历一场大地震般的劫难：她发现所有的蛇一反常态不停地进食，几天后却又停止进食，一条条趴着一动不动。周文倩夫妻俩都慌了，不知道蛇生了什么病。

查来查去，才发现原来是消毒做得不够彻底。周文倩赶紧一条条地给蛇打针，可是，一切还是太迟了，1000多条蛇最后只剩下几十条，快要到手的二十几万元又成了过眼烟云。看着空荡荡的蛇场，周文倩痛哭了一场。

都说女人哭过之后就有了力量。周文倩想，比起汶川灾区的群众，自己这场"地震"又算得了什么！不就是从头再来吗？于是，周文倩擦干眼泪，又借钱买回了一批蛇蛋。这一次，她和丈夫潜心从书上、电脑上学技术，严格按照程序来养蛇。和蛇接触多了，她逐渐掌握了它们的习性和进食规律以及易发病的防治技术，少走了很多弯路。

勤劳还没有给这个家庭带来财富，而多舛的命运再次降临这个家庭。2009年的一天，她的丈夫宁德富不小心被眼镜蛇咬到了脚后跟，当场不能动弹，情况十分危急。宁德富被送到县城医院做了紧急的伤口处理后，又连夜被送往防城港市注射蛇清抢救。一连几天几夜，周文倩都守在丈夫身边没合上一次眼，直到丈夫真正脱离了生命危险。

功夫不负有心人。2010年，第一批蛇蛋和小蛇终于出栏了，收入8万多元。有了这一次的成功经验，周文倩养蛇的路终于越走越顺畅，蛇厂规模不断扩大。2011年，周文倩的蛇场开始盈利。之后，她创办的佛子镇文倩养殖场从140平方米扩大到1700多平方米，存蛇数量由最初的1000多条增加到近10000条，年收入从零增长到300万元，成为该县一家集蛇饲料加工、蛇蛋孵化繁殖、肉蛇与种蛇生产销售于一体的规模养殖场。在"2011年灵山县首届蛇王大赛"中，她养殖的眼镜蛇和滑鼠蛇分别夺取了一等奖和二等奖，"灵山女蛇王"周文倩一举成名。

大家富才是真的富

在周文倩看来，人工养蛇是农村创业致富的好项目。她说："蛇全身都是宝，蛇皮可以当作药材卖，蛇肉在广东等地市场非常火，将来还可以开发蛇毒提取，一条蛇赚几百块没问题。"

"人工养蛇在灵山已有20多年历史，20世纪90年代初，由于驯养技术不成熟，存活率很低，养蛇产业发展缓慢。"周文倩说，如今养蛇技术已经比较成熟，她非常希望能和村民们分享自己的养蛇方法。

她成立了灵山县佛子镇文倩蛇业养殖基地，以"基地＋农户"的模式带动群众养蛇致富。在群众养蛇的过程中，无论遇到什么困难和问题，她都随叫随到，毫无保留地把养蛇技术全部教给群众。周文倩和丈夫还先后几次在村里和其他镇的养蛇技术班上讲课。周文倩用自己的胆量、智慧和胸襟，奏响了致富奔小康的强音符。

周文倩成为"中国蛇王"

2012年8月28日至9月8日，中央电视台综合频道《旗鼓相当》栏目在四川省德阳市录制劳动竞技励志类大型系列节目。灵山县女蛇王周文倩和养蛇能手梁伟两位选手参加"蛇王争霸"节目，并夺得了冠军，赢得"劳动大明星"称号。

灵山县选手为红旗队，成都市选手为金鼓队。两队选手在热闹的气氛中，带上各自的蛇出场。在蛇王驱蛇与蛇王舞蛇、蛇王辨蛇与蛇王抓蛇、蛇王斗蛇、蛇王取毒四个环节中，灵山县周文倩和梁伟胆大心细，动作娴熟，按照比赛规定，让蛇遵循人的意愿完成了规定的行走线路和动作，赢得了观众的热烈掌声和欢呼声。

最终，灵山县选手周文倩、梁伟获得比赛冠军，成为"中国蛇王"，坐上了"劳动大明星"的宝座。

资料来源：孙志平，熊红明，钟群. 广西灵山：探讨大山里走出的"女蛇王"[EB/OL]. 新华网，2013-05-28.

（三）26岁富翁：毕业两年，身价千万

大学生创业已不稀奇，但传奇总是不断地出现。每当我们听到一个大学生短短几年就成为百万、千万富翁，往往只是关注其财富的数字，却很少用心去破译其成功的密码。本案例的主人公吴立杰创业仅4年，毕业才2年，就从一个原本欠着1万多元学费的穷大学生，变成一个拥有上千万资产的公司老板，他会给我们怎样的启示呢？

当空瓶子有了梦想，就有了创业的动力

20世纪80年代初，吴立杰出生于浙江省温州市泰顺县。他的家在大山深处，到城里要翻越好多座高山，外地司机根本不敢开车走那条悬崖边的险路。小时候的他从未走出过大山，家里特别穷，可他偏偏爱上了画画。由于沉溺于自己的兴趣之中，他的学习成绩不是很好。2000年，他没能考上中央美术学院，最后进了浙江理工大学学设计。

刚接到录取通知书时，吴立杰不是很高兴，想复读，因为他的梦想是考中央美术学院，今后能成为著名的画家。但父亲的一句话容不得他去"挑剔"生活："家里这么穷，你有书读都是好的了！这一万元学费还是你姐姐出的呢！再说你这个年龄，原本就是一个空瓶子，装泥巴还是装金子都一样，只要你踏踏实实去学，总会有沉甸甸的收获，别总想着一开始就装金子！"在父亲的严厉训导下，吴立杰老老实实地进入浙江理工大学念服装设计。

吴立杰内心最感兴趣的是画素描、油画等美术作品，可学的专业却是服装设计，日常的功课也都只是绘制服装图、设计服装款式等。

刚开始，吴立杰在学校只是一个非常普通的学生，唯一不同的是他没有

纸上谈兵，而是一直在琢磨着：自己每天就这样学画服装图，能产生经济效益吗？一次，他联想到许多画家靠卖画生存，那么自己能否靠卖服装设计图赚钱呢？

杭州是一个时尚而休闲的城市，时装店琳琅满目，服装公司比比皆是，所有围绕服装而生存的职业，竞争都特别激烈，所以，吴立杰想仅凭几张服装图去赚钱谈何容易！他上大学的第一个暑假，几乎天天都是在杭州街头度过的：他顶着炎热的太阳，带着一包画好的服装图，跑了数百个厂家，逢人就说自己可以设计服装，想利用节假日打工挣学费。然而，没人可怜他，两个月下来他毫无所获。

虽然心存梦想而又一事无成，但很多时候，日记里的自我鼓励成为吴立杰创业的最大动力。凭借自己的努力，大二第一学期，他的作品在第二届"脑白金杯"CCTV服装设计大赛中获奖。之后，他又多次在"中华杯"国际服装设计大赛等国家级大赛中获奖。从那以后，学校的橱窗里经常可以看到他的优秀作品，他渐渐成了校园名人。

让鼓励成为习惯，就会壮大拼搏的胆量

作品获奖后，吴立杰改变了策略，由过去的"四处推销自我"变成"主攻一家"。2001年11月，他选择了一家在杭州比较有影响力的服装公司去推销。老板从他带的30多张服装样图中左挑右选了8张，以50元一张的价格买下。

区区四张百元人民币，却让当时的吴立杰感觉自己的口袋一下子好像装了好几万元一样，沉甸甸的！那天晚上，他美滋滋地睡了个好觉。

在吴立杰兴奋不已的同时，那家服装公司的老板却觉得花400元买了8张图是拣了个大便宜。因为那老板回去仔细一看后，觉得吴立杰画的服装图还真不错，越看越有创意，甚至能与公司里的设计师媲美，而当时在杭州请一个服装设计师，一年少说也得五六十万元的酬劳。所以，那家公司很快就答应了吴立杰月工资600元的打工要求。这之后，吴立杰又用同样的笨办法，在另外3家公司做起了兼职。至此，他在读大二时月收入就达到了2000多元。

当然，学生打工赚钱并不容易。2002年1月，吴立杰去杭州一家国外品牌服装代理公司打工时，第一次见面老板就给他出了一道难题："吴同学，你虽然是搞设计的，但我希望你更能懂营销，因为你如果对营销一窍不通的话，又如何能设计出真正适合市场的产品？所以，请问，我们这个法国服装品牌在国内市场该怎样开拓？"这道题当时的确难住了吴立杰，幸好那位老板还很

人性化，鼓励他说："我给你一周时间思考，你做出个方案来，相信你能完成任务！"

手足无措的吴立杰只好返回学校，他决定与同学一起商量对策，并向几位老师请教。在学校，他虽然是一个家境贫穷的学生，但他的才华和勤奋感动了同学和老师们，所以大家都很支持、鼓励他勤工俭学。一周以后，他胸有成竹地再次来到那家公司，说："老板，我的第一个建议是，欧式服装在中国卖，要根据中国人的体型适度缩小，如这款刚进口的法国西装，其板型纯粹是欧版，衣服后面都是开衩的，但我们不妨将这些衩全部做成平版的，把这个腰再收一点，您看，现在我穿的这件西装就是比较合身的。我的第二个建议是，找专业模特给改版后的服装照相，制成形象画册，向消费者发放……"

老板听完吴立杰的具体方案后十分高兴："不错，你的建议很细致！"老板欣然同意录用他，并委托他全权操作。接下来，吴立杰就开始为那家公司做服装画册。由于这是他的第一单生意，他做得很认真，也想借此把自己做画册的牌子给立起来。很快，他的这种想法如愿以偿了。当他拿着做好的画册去其他公司揽生意时，效果立竿见影。他兼职的第一家公司也愿意做一本，并开出了4万元的价格。这个价格对于市场来说很低，因为市场价至少要8万元，但对于吴立杰来说，却已经够高了。那么，吴立杰为什么能做呢？

因为吴立杰是自己亲自去找的大学生女模特，这样可以省掉一半成本。另外，设计本身他自己会做，这一块等于他净赚了。所以，他用低价做出了客户满意的画册，而且从中赚了整整2万元。

就这样，吴立杰一边上学一边赚钱，生活过得很忙碌，却十分有激情。有一天，一位关系很好的朋友跟他说："兄弟，现在杭州的服装企业最起码有4000家，可真正为服装品牌服务的设计公司实在太少了，你不觉得这里面有着很大的商机吗？你老是这样跑来跑去，这家兼职那家也兼职，倒不如自己成立一个品牌公司，专门为他们服务呢！"吴立杰听后恍然大悟，他决定采纳朋友的建议。

2002年暑假，刚读完大二的他在校外租了一间工作室，然后勇敢地与另外两名学生用20万元资金注册了杭州华泰服装品牌策划公司，其中他拥有75%的份额。公司的核心工作就是设计服装、布置店面、为服装公司做形象画册。接下来，课堂上的知识和打工得来的经验让他干得如鱼得水。进入大三后，他半年内就为50多家服装公司做了形象画册，每单业务至少能赚几千元甚至上万元。

越专业越出色，成长比成功更重要

　　源源不断的生意让吴立杰很快就身价百万。2004年7月大学毕业时，创业仅两年的他已经服务了200多个客户，赚了将近300万元。不过，这段时间也让他深刻体会到了"为他人做嫁衣裳"的滋味。因为他设计的一个服装款式如果卖得好，厂家可以赚几十万元、上百万元，但是他只能拿到几万元。所以他觉得，不能总是这样吃亏。

　　于是，就在许多大学同学毕业后发愁不知何去何从的时候，吴立杰通过朋友关系，在法国成功注册了豪雯服饰有限公司，然后野心勃勃地开始大量招工。他觉得搞设计做画册只不过是小打小闹，何况当时他手头已经有了那么多的现金，所以他决定直接办厂生产服装和皮具。几天内他就招聘了100多个人，其中有不少是他的大学同学。

　　不久，吴立杰就把搞设计赚来的300万元全部投入办厂。然而，始料未及的是，搞设计轻车熟路的他办起厂来却一头雾水。2004年底，开厂才短短三个月时间，他的工厂就因为管理不当而严重亏损。

　　无奈之际，吴立杰于2005年初把厂子承包给了别人，这样总算保住了本钱。最后，双方商定，由吴立杰负责设计和推销，对方负责按要求生产服装。脱开生产环节后，吴立杰开始集中精力搞销售。为了迅速打开市场，他多次租用钱江大酒店的顶楼策划巨大的招商会。结果，2005年全年，他总共销售服装10万件，纯利润达到350万元。"死里逃生"的他感慨地说："人还是要学会放弃一些东西，不能眉毛胡子一把抓，总想着一个人把所有钱都赚了，而应该做好自己最专业的事情，其他的钱就让那些同样最专业的人才去赚。"

　　惊险而刺激的创业经历让吴立杰越战越勇，也越来越沉稳。2006年5月，他又开始进军皮具市场，并注册成立了自己的第三家公司——英国皮森皮具有限公司。这时，他找到当初大学打工时第一家公司的老板，提出联合经营的思路：他出技术，对方出资金，共同开拓全国市场。因为他觉得自己的设计技术是十分优秀的，而对方是一个经营多年的品牌产品代理公司，尤其在营销方面有着成熟广泛的网络市场和社会关系。就这样，吴立杰借助对方的销售网络，把自己设计与生产的服装和皮具卖到了全国15个省份。

　　如今，拥有三家公司的吴立杰身价已经超过1000万元，但是他非常谦虚:"比起李嘉诚来说,我还差得太远,根本算不上是成功人士。再说,我曾经的梦想是当个纯粹的画家,如今却做了一个服装设计师和商人,所以我并没有如愿以偿啊。其实,我觉得成长比成功更重要,因为成功只是一个结果、一种荣耀,稍纵即逝,而成长是一个漫长的过程,这里面有很多的经历、经验、波折、转机等,需要我们用一生去驾驭。"

资料来源:佚名. 26岁富翁:毕业两年 身价千万[EB/OL]. 慧聪网,2008-08-25.

第三讲

坚定必胜的信心

成功箴言

只要有信心，你就能够移动一座山。只要相信你能成功，你就会赢得成功。检验你的信心的方法，是看你是否在最困难的时候应用它，尤其在最需要的时候应用它。

——拿破仑·希尔

原理与指南

积极的心态是奔向成功的第一步，个人进取心是奔向成功的引擎，必胜的信心则是取得成功的根本保证。在所有的成功原则中，都包含有信心这个成分，信心是达成所有伟大成就的重要条件。要改变自己的一生，首先必须坚定必胜的信心。信心的力量是取之不尽、用之不竭的，它是一种可以无止境地循环使用的资源。一个人只有充分地运用信心的力量，驱除心中的种种束缚，才能促使自己完成计划，实现目标，达成愿望，取得成功。

信心可以克服万难

信心的力量大得惊人，它可以改变恶劣的现状，带来令人难以置信的圆满结局。充满信心的人永远无法被击倒，他们是人生的胜利者。

信心是"不可能"这一毒素的解药。有方向感的信心，可令我们的每一个意念都充满力量。当以一个人有强大的信心去推动成功的车轮时，就可以

第一篇　启动成功的发动机

平步青云，攀上成功之岭。克服眼不能看、耳不能听、嘴不能说的三重痛苦，终生致力于社会福利事业，被称为"奇迹人"的美国海伦·凯勒的一生，无疑是对这句话的最好印证。

海伦·凯勒刚出生时，是个正常的婴孩，能看、能听，也会咿呀说话。可是，一场疾病使她变得又瞎、又聋、又哑，那时她才十九个月大。生理的剧变令小海伦性情大变，稍不顺心，她便会乱敲乱打，野蛮地用双手抓食物塞入口中。若试图去纠正她，她就会在地上打滚，乱嚷乱叫，简直是个十恶不赦的"小暴君"。父母在绝望之余，只好将她送进波士顿的一所盲人学校，特别聘请了一位女教师照顾她。

幸运的是，小海伦在黑暗的悲剧中遇到了一位伟大的光明天使——安妮·沙莉文女士。从此，沙莉文女士与这个蒙受三重痛苦的小姑娘的斗争就开始了。洗脸、梳头、用刀叉吃饭等，都必须一边与她格斗一边教她。固执己见的海伦以哭喊、怪叫等方式全身反抗着严格的教育。然而，依靠自我成功和重塑命运的工具——信心与爱心，终于唤醒了海伦那沉睡的意识力量。自信与自爱在小海伦的心里产生，使她从痛苦的孤独地狱中解脱出来，并通过自我奋发最终走向了光明。

海伦曾写道："在我初次领悟到语言存在的那天晚上，我躺在床上，兴奋不已，那时我第一次希望天亮——我想再没其他人，可以感觉到我当时的喜悦了。"虽然海伦仍是失明，仍是聋哑，但用指尖代替眼睛和耳朵，海伦学会了与外界沟通。她十多岁时，名字就已传遍全美国，成为残疾人士的模范。

若说小海伦没有自卑感，那是不可能的。幸运的是，她自小就在心底里树立了强大的信心，完成了对自卑的超越。小海伦成名后，并未因此而自满，她继续孜孜不倦地接受教育。1900 年，海伦学习了指语法、凸字及发声，并通过这些手段获得了超过常人的知识，进入了哈佛大学拉德克里夫学院学习。她说出的第一句话就是："我已经不是哑巴了！"她发现自己的努力没有白费，兴奋异常。四年后，她作为世界上第一个受过大学教育的盲聋人，以优异的成绩毕业。

海伦不仅学会了说话，还学会了用打字机写作。她的触觉极为敏锐，只需用手指轻轻地放在对方的唇上，就能知道对方在说什么；把手放在钢琴、小提琴的木质部分，就能"鉴赏"音乐。如果你和海伦·凯勒握过手，五年后你们再见面握手时，她也能凭着记忆认出你，知道你是美丽的、强壮的、体弱的、滑稽的、爽朗的或者是满腹牢骚的人。

海伦凭借她那坚强的信念，终于战胜自己，体现了自身的价值。她虽然没有发大财，也没有成为政界要人，但是她所获得的成就比富人、政客要大得多。第二次世界大战后，她在欧洲、亚洲、非洲各地巡回演讲，唤起了社会大众对身体残疾者的关注。

身受重重痛苦，却能克服它并向全世界投射出光明的海伦·凯勒的事迹，说明了什么问题呢？那就是，信心是第一号"化学家"。当信心融合在思想里，潜意识就会立即拾起这种震撼，把它变成等量的精神力量，再转送到无穷智慧的领域里，促成成功思想的物质化。

正可谓：心存疑惑，就会失败；相信胜利，必定成功！

何谓信心

信心是一种精神状态，是一种积极的态度。
信心能赋予思考以动力、生命和行动。
信心是所有财富累积途径的起点。
信心是所有奇迹的根底，也是所有科学法则分析不出来的玄妙神奇的力量。
信心是失意落魄时的唯一安慰。
信心是人类驾驭宇宙无穷智慧的唯一渠道。
总之，信心就是生命，信心就是力量，信心就是奇迹，信心就是创立事业、获取成功之本！

信心是成功的发电机

在每一个成功者的背后，都有一股巨大的力量——信心，在支持和推动他们向自己的目标迈进。信心是达成所有伟大成就的重要条件，它对于立志成功者具有重要意义。信心能够促进潜意识释放出无穷的热情、精力和智慧，进而帮助人们获得巨大的财富与事业上的成就。所以，有人把信心比喻为"一个人心理建筑的工程师"。

人类的思想是一部错综复杂的机器，而机器的动力来自思想以外的地方。要接触并获得这股强大的动力，必须开启信心的大门。而开启信心之门的则是我们的欲望和动机，除此之外，别无他法。另外，大门开启的幅度视欲望或动机的强度而定，只有强烈的欲望，才能完全打开信心之门。

信心的力量是取之不尽、用之不竭的，它是一种可以无止境循环使用的资源。每个人都可以很容易地取得信心，而不必支付任何费用。只要一个人想运用信心，就可以自由地去运用。

拥有自信的方法

只要有信心，只要相信自己能成功，一个人就会赢得成功。信心多一分，成功多十分。成功不属于缺乏自信、妄自菲薄的人，而偏爱坚持到底、拒绝接受"不可能"的人。要坚定必胜的信心，首先必须要自信。拥有自信的方法是：

第一，知道自己有能力达到的确切人生目标，然后要求自己努力不懈，持之以恒，朝着这个目标努力。并且，要马上采取行动。

第二，知道自己心中的主导思想终将化为外在的实质行动，并逐渐转化为物质上的实体。因此，每天集中一点时间认真去想想自己要成为什么样的人，借以在心中描绘出一个清晰的画面。

第三，借助自我暗示，将心中所坚持的渴望以实际方式展现出来，以支持自己达成目标。因此，每天都要花十分钟左右的时间，要求自己增强自信。

第四，围绕一生中主要的确切目标，永远不停止努力，直到发展出足够的自信以达成目标。

第五，决不从事无益于大众的任何活动。只有对人、对己、对国家和社会都有益的目标，才能争取到他人的帮助，从而更容易取得成功。

成功实例

（一）张海迪：用坚强书写人生答卷

1983年5月9日，中共中央批复共青团中央书记处与山东省委给中共中央的《关于进一步开展学习宣传张海迪活动的报告》。接着，中共中央又发出《向张海迪同志学习的决定》。党和国家领导人为张海迪题词，号召向这位身残志坚的优秀共青团员学习。张海迪是在党和人民哺育下成长起来的新一代青年优秀代表。张海迪的崇高思想、顽强精神和模范行动在社会上引起了强烈反响。

张海迪名言

"活着，就要为人民做事。活着，就要做个对社会有益的人。我像颗流星，要把光留给人间。"

"我要度过每天痛苦的每一分每一秒，这些都是人们看不见的。因为太痛苦了，这是常人根本想象不到的痛苦。我病了41年，能够活到今天，很大程度上讲，就是靠一种精神的支撑！一个人最重要的是思想。我身上有一种渴望去创造新生活的勇气。我从5岁患病到现在，不但活着，我还在劳动。我不能碌碌无为地活着，活着就要学习，就要多为群众做些事情。既然是颗流星，就要把光留给人们，把一切奉献给人民。"

"在人生的道路上，谁都会遇到困难和挫折，就看你能不能战胜它。战胜了，你就是英雄，就是生活的强者。一个人要奋斗，内在的力量才是永恒的，总是依靠别人鼓劲是不会长久的。即使跌倒一百次，也要一百次地站起来。在困境里，要树立信心，相信一切都会过去，还要自我鼓励，以乐观的心态战胜困难。天才都是在痛苦中诞生的！"

"一个人病倒了并不可怕。可怕的是丧失了生活的勇气。只要勇敢地战胜困难，就能够创造出美丽的新生活。人的一生是短暂的，要使自己的一生有意义，就要把自己仅有的一点光和热奉献给党。"

"我是一个有理想的人，不愿意一生无所作为，做一个无聊的人。不多学些东西，我就不舒服。我愿把我的一生献给我喜爱的事业。我的腿虽然不好，可是多年我一直是那样的乐观，对美好的生活充满激情。"

一个三分之二躯体失去知觉的姑娘在1983年感动了全中国

张海迪虽然不能上学接受正规教育，不能享受健全人的正常生活，但是她自学完成了从小学、中学、大学到研究生的课程，翻译了大量英文小说，自学中医免费为人针灸治病……当同时代的青年开始思考和苦恼于人生的意义时，她以自己的言行做出了铿锵的回答。

1983年2月24日，北京站，从济南开来的298次列车在已有一丝曙光的冬夜里停靠下来。车门打开，一辆轮椅被吃力地搬出，上面坐着一位28岁的残疾姑娘。

那时的北京还没有多少人认识张海迪，不过她时髦的披肩发，有着知识分子气息的黑框眼镜，浅蓝色的高领毛衣，还是在一片绿军装、蓝工装中略显抢眼。张海迪还想不到，再过十天，她的故事、形象和声音将感染整个中国，她将成为一个与雷锋比肩的人，一时间为全国的青年所熟悉和追捧。

既不重大也无时效的稿件上了《人民日报》的头版头条

张海迪到北京后，团中央宣传部将她安排到中央团校万年青宾馆住下。据时任团中央宣传部部长魏久明回忆，当时的团中央第一书记王兆国、常务书记胡锦涛及其他几位书记来看望了张海迪。胡锦涛要求宣传部安顿张海迪好好休息，并帮助她做好有关的准备工作。

虽然是第三次来北京，但与前两次治病不同，此行对张海迪的人生有着特殊的意义。团中央书记处经过讨论，将她选为全国青年的先进典型，计划向全国青年推出。

2009年8月16日，济南市新华社山东分社的办公室里，年逾古稀的退休记者宋熙文抚摸着发黄的《人民日报》，讲述了张海迪被发现的过程。1981年11月，当时负责农村报道的宋熙文在去东阿县采访的车上，听到《山东画报》的摄影记者李霞说，最近正在拍一名女孩，这名女孩很特别，从小重度残疾，但却自学了针灸、外语和无线电，为周边很多百姓免费治疗。颇感兴趣的宋熙文第二天就约李霞去了女孩当时居住的聊城莘县。

莘县文化馆旁的那排小平房如今早已拆除，不过在李霞的照片中还能看出一些旧迹。张海迪居住在低矮的宿舍，但内部陈设却洋气、雅致。一排木质的书架上摆满了传记故事和专业书籍，床边有一台双喇叭的录音机和一架县城里罕见的手风琴。

在宋熙文的印象中，张海迪像是小县城一个文化沙龙的女主人，在被报道之前，她的小房间聚集着不少年轻人，工人、医生、教师、待业青年都有。张海迪能拉手风琴，歌唱得也很好，小青年们来这里借书，同时交流知识，探讨人生。

在近十天的采访结束后，宋熙文写成了一篇人物通讯——《瘫痪姑娘玲玲的心像一团火》，稿件中主要使用了张海迪的小名玲玲，描绘了主人公身残志坚、刻苦学习以及治病救人的事迹。"当时觉得这个人物有的写，但却没想到有这么大的影响。"

新华社的稿件签发后，这篇既不重大又无时效的人物通讯登上了《人民日报》头版头条。全国各地的来信开始寄往聊城，其他新闻媒体也开始陆续前往采访，一些单位开始邀请张海迪去做报告。

不过，张海迪真正成为妇孺皆知的典型是在一年以后。

三分之二躯体失去知觉的女孩自学完成了小学到大学的课程

1982年底，共青团选举产生了新一届团中央委员会，新领导班子鉴于当时的形势，希望寻找一个典型，作为新时期青年看得见、学得到的榜样。

魏久明回忆，1983年1月7日至22日，全国职工思想政治工作会议上，共青团山东省委副书记给他讲了张海迪的事迹。经过考察，魏久明向团中央书记处写了书面汇报。团中央书记处经过反复讨论，最终同意张海迪作为先进青年的典型前往北京。

张海迪刚刚在团中央的万年青宾馆住下，此前已赴山东采访过她的《中国青年报》记者郭梅尼就带着一名针灸大夫来看望她。

当帮张海迪推轮椅的姑娘替她脱下衣服时，郭梅尼形容自己的心"嗖"的一下缩紧了，她看见张海迪的脊椎呈"S"形扭曲在脊背上，脊椎两侧是四次大手术留下的长长刀疤。给张海迪做检查的医生用银针从脚一直往上扎，扎过腹部，扎过心窝，张海迪都没有感觉，直到扎到胸二椎的部位，张海迪才有了知觉。扎针的医生不禁长叹，这是他见过的残疾病人中最严重的一个，她的生存完全是靠精神支撑着。

然而，就是这样一个五岁时就高位截瘫的重残姑娘，一个没有受过正规校园教育的女孩，以顽强的毅力先后自学了小学、中学、大学和研究生的课程；在父母下放的莘县尚楼大队，她自学中医免费为乡亲们治病，无偿针灸治病1万多人次，成为远近闻名的"赤脚医生"；在莘县县城，一时找不到工作的她把自己关在小屋里，学画画，学乐器，学习了英语、日语、德语和当时流行的世界语，还翻译了13万字的英文小说；在莘县城关医院，为了一份来之不易的工作，连大小便都不能控制的她，白天不喝水，靠服用大量止痛片坚持着每月25元的工作……张海迪曾经说过："像我这样的人，躺着吃，躺着喝，没任何人会谴责我，但这样活着有什么意义呢？"她说她要为社会做点事，做个对社会有用的人。

用郭梅尼的话来说，20世纪80年代初，青年们刚从"文革"中走出来，没有上好学，没有学好本领，却要面对着升学、就业等困难和挫折，面对改革开放的大潮，他们最关心的是自己的人生之路应该怎样走。而张海迪正是用自己的行动在探求人生意义的同时，回答了时代的提问。是偶然也是必然，张海迪就这样走进了青年人的视线。

曾被媒体刻意忽略的自杀经历让她更贴近饱受挫折的一代青年

1983年3月1日，在张海迪来京的五天后，《中国青年报》头版头条刊发了记者郭梅尼、徐家良采写的通讯《生命的支柱》。值得一提的是，尽管此前一年多时间里，山东乃至全国的媒体曾多次采访报道张海迪，但直到《生命的支柱》发表，张海迪曾自杀的经历才被首次披露出来。

17岁时，张海迪从父母下放的尚楼村回到莘县，在乡村的一段赤脚医生经历让张海迪对未来有了信心，然而在莘县寻找工作的过程中，她却四处碰壁，备受歧视。冬天，张海迪坐着轮椅挤在县劳动局门口等待招工，"叔叔，给我个工作吧！""那么多好胳膊好腿的人还没工作哩……"张海迪的乞求被冰冷地拒绝。趁着父母去聊城出差时，张海迪服用了大量安眠药。

张海迪回忆说，服药后，她想到了乡村美丽的田园，想到了她给治过病的乡亲们，想到了也试图自杀的保尔·柯察金……"快救我！我还年轻，我还有用，我要活着！"

郭梅尼说，在采访张海迪之前，其他媒体从未报道这段故事，她自己也是在张海迪做报告的录音中听到的。张海迪说："这件事，我给一些报刊都讲过，可是他们都没写。也许有人认为这是一件不光彩的事吧。"

郭梅尼记录张海迪自杀的情节有着她自己的考虑，她说，写张海迪战胜悲观情绪，认识到自己对社会的责任，坚定了自己的人生信念，这对从"文革"中走过来的饱受挫折的80年代初的青年，更有针对性。郭梅尼说，稿子见报后，许多读者来信反映，正是张海迪自杀这部分，让人们感到张海迪并不像以前宣传的人物形象那样高不可攀，她也有过动摇，有过缺点，使人感到真实可信，是现实中活生生的人，不是神。

张海迪能够为新时期的青年所接受，外表时尚、性格独立也是重要的原因。后来与张海迪同在山东作协的作家阿滢披露过这样一个故事，张海迪在北京做报告期间，有人曾指责她的披肩发，那时，披肩发还和资产阶级联系在一起。她生病住院时，一位分管妇女工作的首长到医院看望她，看到她的长发，也劝她剪短一些，但张海迪就是舍不得。后来去人民大会堂参加活动时，张海迪用手绢把披散的头发束了起来，但在进入会议大厅的一瞬间，她悄悄地扯下了那块手绢……

之后，由于身体原因，本来就为人低调的张海迪主动淡出了人们的视线。

对于那次北京之行,张海迪多年后回忆称,当时她本想拒绝,她更愿意在自己的那间屋子里读书、工作、学习,跟朋友们在一起。后来又想,一定要去的话,很快就会回来。

资料来源:刘砥砺. 轮椅青春 用坚强书写人生答卷[N]. 北京青年报,2009-09-17.

(二)"打工皇后"吴士宏

曾经担任过美国足球联合会主席的戴伟克·杜根曾说过这样一段话:"你认为自己被打倒,那你就是被打倒了。你认为自己屹立不倒,那你就屹立不倒。你想胜利,又认为自己不能,那你就不会胜利。你认为你会失败,你就失败。因此,环视世界的成功例子,我发现一切胜利皆始于个人求胜的意志与信心。一切胜利唯存于心。你认为自己比对手优越,你就是比他们优越。因此,你必须往好处想,你必须对自己有信心,才能获取胜利。生活中,强者不一定是胜利者,但是胜利迟早都属于有信心的人。"吴士宏就是一个"有信心的人"。

"要做一个成功的人!"

吴士宏生于20世纪60年代,有着满蒙汉三族血统,曾是北京椿树医院的护士。用吴士宏自己的话说,十几岁时她除了自卑地活着外一无所有。"毫无生气甚至满足不了温饱,离传奇与辉煌实在是太远了,远得你根本无法将它们联系在一起。"

1979年到1983年,吴士宏得了白血病,由于一次又一次的化疗,她的头发几乎掉光。大病过后,吴士宏才忽然觉得:自己的生命只能重新开始,因为生命留给她的时间可能并不宽裕了。也许就是从那时开始,吴士宏萌发了这样的想法:要做一个成功的人。倔强的吴士宏以顽强的毅力开启了自己的新生活,她仅仅凭着一台收音机,花了一年半时间就学完了许国璋英语三年的课程,同时拿到了走向新生活的"入门证"。

1985年,她看到报纸上IBM公司的招聘信息,于是通过外企服务公司准备应聘该公司。在此前,外企服务公司向IBM推荐过好多人,都没有被聘用。吴士宏虽然没有高学历,也没有外企工作的资历,但她有一个信念,那就是"绝不允许别人把我拦在任何门外"。

吴士宏来到了五星级的长城饭店,鼓足勇气,走进了IBM公司的北京办事处。

吴士宏顺利地通过了两轮笔试和一次口试,最后主考官问她会不会打字,她条件反射地说:"会!"

"那么你一分钟能打多少?"

"您的要求是多少?"

主考官说了一个标准,吴士宏马上承诺说可以。因为她环视四周,发觉考场里没有一台打字机,果然,主考官说下次录取时再加试打字。

实际上,吴士宏从未摸过打字机。面试结束后,吴士宏飞也似地跑回去,向亲友借了170元买了一台打字机,没日没夜地敲打了一星期,双手疲乏得连吃饭都拿不住筷子,但她竟奇迹般地敲出了专业打字员的水平。以后好几个月,她才还清了这笔对她来说不小的债务,而 IBM 公司却一直没有考她的打字功夫。

吴士宏就这样成了这家世界著名企业的一个最普通的员工。

"我要有能力去管理公司里的任何人"

在 IBM 工作的最初岁月里,吴士宏扮演的是一个卑微的角色,如沏茶倒水,打扫卫生,完全是脑袋以下肢体的劳作。她曾感到非常自卑,连触摸心目中高科技象征的传真机都是一种奢望,仅仅为身处这个能解决温饱的环境而感到宽慰。

然而,这种内心的平衡很快被打破了。有一次,吴士宏推着平板车买办公用品回来,被门卫拦在大楼门口,故意要检查她的外企工作证。吴士宏没有证件,于是僵持在门口,进进出出的人们投来的都是异样的眼光,她内心充满了屈辱,但却无法宣泄。吴士宏暗暗发誓:"这种日子不会久的,我绝不允许别人把我拦在任何门外。"

还有一件事重创过吴士宏敏感的心。有个香港女职员,资格很老,她动辄驱使别人替她做事,吴士宏自然成了她驱使的对象。有一天,该女职员满脸阴云,冲吴士宏说:"Juliet(吴士宏的英语名),如果你想喝咖啡请告诉我!"吴士宏惊诧之余满头雾水,不知所云。该女职员劈脸喊道:"如果你要喝我的咖啡,麻烦你每次把盖子盖好!"吴士宏恍然大悟,原来她把自己当作经常偷喝她咖啡的毛贼了,这是对自己人格的污辱,吴士宏顿时浑身战栗,像头愤怒的狮子,把内心的压抑彻底地爆发了出来。事后,吴士宏对自己说:"有朝一日,我要有能力去管理公司里的任何人。"

自卑可以像一座大山一样把人压倒,也可以像推进器一样产生强大的动力。吴士宏想要改变现状,把自己从最底层解放出来。她每天比别人多花

6个小时工作和学习，于是，在同一批聘用者中，吴士宏第一个做了业务代表。接着，她成为第一批本土经理，又第一个成为IBM华南区的总经理。

在实战的基础上充实自己

吴士宏在IBM从最底层做起，12年里因销售业绩突出而屡获提升，直至总经理。吴士宏在广州任IBM华南区总经理时，曾管理一个拥有200多人的公司，需要关心的不只是某一个行业的销售业绩，而是从人事到财务等所有的事务，而且必须能洞察市场机会和发展趋势。这光靠销售人员出击市场是不够的，更需要一些战略考虑，不然只能永远停留在销售人员的思维定式上：哪个行业资金较多，卖出机器的机会就较多；而战略思考所关心的问题是：一个市场是以微机为主的市场，还是以中型机为主的市场？一个市场虽然看起来很热闹，但后续发展和成长潜力会不会有问题？要把握这类问题，吴士宏当时感到很吃力，于是开始非常认真地去看一些市场分析方面的著述。

吴士宏总是在实战的基础上充实自己，并以自己的方式分析和解决问题，剖析IBM中国公司当时的处境与战略。当时IBM并不是一家在市场上很热闹的公司，而是专攻大客户，按金字塔式的结构从上往下做市场。正是因为吴士宏的因势利导，IBM的产品在中国市场上占据了主导地位。

为实现梦想选择微软

1998年2月5日，经历了5个多月的双向选择，吴士宏把签字协议传真到了微软公司总部。微软公司的上司对吴士宏说，你就是为微软生的，微软公司虚席以待。而吴士宏选择微软，是因为它正好符合她的梦想：要么把中国公司做到国际上去，要么把国际公司做到中国来。吴士宏选择了微软后，称自己将面临"三大挑战"：第一，履行总经理职责，全面做好业绩；第二，必须尽快了解这家公司，了解它的人和产品；第三，这里的人会不会接受自己，这家公司能不能接受自己。

吴士宏在加盟微软之后，一直在广纳贤士，厉兵秣马。吴士宏把自己到微软中国之后最大的成就归结为搜罗了一大批本地的管理和业务精英，也由此构筑了微软中国走向未来之路的坚实基础。吴士宏表示，微软今后要多做一些形象重塑的工作，并和社会各个阶层进行有效的沟通。吴士宏准备以大刀阔斧的气势迎接新的挑战。

然而，正当吴士宏开始她雄心勃勃的形象重塑计划时，老天显然不帮忙，5月里发生的突发事件加剧了吴士宏与微软高层的矛盾，也使吴士宏更进一步开始反省自己的选择。微软在中国的"大棒政策",一方面使一部分中国用户风声鹤唳,另一方面由于媒体的火上浇油,也从潜意识里激发了普遍的反微软浪潮。可以说,当时的吴士宏处于内外交困之中。6月18日,吴士宏出于个人原因决定辞去总经理职务。

为民族产业大展宏图

吴士宏离开微软后何去何从,一直是新闻界热衷的话题。人们关心没有了吴士宏,微软会怎样?同样,离开了微软的吴士宏,会寻找到一个怎样的舞台?业界还有没有对她而言更好的机会?

1999年10月11日,对于吴士宏来说是等待已久的一天。下午在凯宾斯基饭店,各路媒体记者云集,TCL在这里举行了隆重的新闻发布会,欢迎吴士宏加盟TCL。吴士宏幸运地被国内著名的家电企业TCL看中,并被委以重任——TCL集团常务董事、副总裁、TCL信息产业集团公司总裁。吴士宏开始在民族产业大展宏图。

吴士宏永远是优秀的,她善于领导,同时善于分析与总结,从而找出相应的路径。她认为,在激烈的竞争中,生命力不够强的企业会消亡。国内的IT企业尤其要处理好市场和技术谁为主导的问题,并努力学习市场规律,学习管理。例如,中国有不少企业在持续高速发展了相当长时间,具备了相当的规模之后,反而一下子撑不住了,究其原因在于没有把握住市场规律,或管理不善。

全心投入,全神贯注

吴士宏的经验是在做每一件事时要全心投入,全神贯注,不能一边做事一边总在分神观察周围有什么别的机会。每做一件事情,都应该有一个短期的目标:在这个位置上至少该做到什么程度,只有做到后才会抬起头来向远处看看。如果一直三心二意寻找捷径、机会,就会发现在每一个想要的机会面前,自己都没有比别人特别强的地方,唯一缩短这一差距的办法就是加倍努力。

资料来源:肖卫. 女人的资本[M]. 北京:九州出版社,2002.

(三)无臂小伙练就双脚弹钢琴

1998年春节刚过没几天,刘伟和三个小伙伴在家附近玩捉迷藏,结果一起意外发生了。

原来几个小伙伴玩捉迷藏的地方,是一处违章施工的配电室,低矮松动的砖墙让刘伟一下子摔靠在 10 万伏的高压线上，当即不省人事。经过医生诊断，刘伟的双臂肌肉由于遭受电击都已坏死，必须尽快进行双上肢截肢手术，否则生命难保。

五天后，刘伟苏醒过来，对曾经发生的一切一无所知。天真的刘伟以为自己只是生了一场大病，手拿到医院治疗，等好了再接上……

母亲试图隐瞒事实，但这样的事情怎能一再瞒下去呢，她终于对儿子说出了实情。失去双臂的刘伟变得非常消沉，整天发呆，不愿迈出病房一步。更让他痛苦的是，他再也回不到从前的生活，不能去上学，不能和小伙伴们玩耍了。

无臂画家巧开导，点亮生命之灯

就在刘伟万念俱灰甚至产生去死的念头的时候，一位和刘伟一样失去双臂的画家走进了他的世界，重新点亮了他的生命之灯。

1978 年，刘京生在工作中被高压电击伤，双臂也是高位截肢，出事那年他 26 岁。在度过了一段艰难的低谷期后，刘京生不仅能自己照顾自己，还能用脚和嘴来写书法和画画，他的作品已在美国、日本、奥地利等国家展出，并在香港、深圳等地举办了个人画展，已经是卓有成就的书画家。

没有人比刘京生更了解刘伟失去双臂后的痛苦。与刘伟见面后，刘京生并没有用太多语言来劝慰刘伟，而是用实际行动做给刘伟看：他用自己的双脚叠被子、写字。

没有了双臂照样可以生活，活生生的例子就在眼前，一直备受困扰的刘伟心中豁然开朗。几天不吃不喝的刘伟终于从困境中挣脱了出来，他开始一面积极配合医院的后续治疗，在康复中心做着康复运动，一面练习用脚穿袜子、刷牙、洗脸、写字。可是用脚写字要用非正常的坐姿来练习，时间长了，就会腰酸背痛。每当这个时候，刘伟就想偷懒，受不了的时候他想到了放弃。而此时，刘伟的妈妈总是想尽一切办法来激励他。康复中心四层有一个游戏厅，妈妈买了游戏币让他玩游戏。别人都用手，他用脚。他迷上了打游戏，这让他的脚趾得到了充分的锻炼，从而帮助他迅速学会了写字。

加入残疾人游泳队，一举夺金

在北京市残疾人游泳队里，有各种不同的残疾人，刘伟的伤残程度是最重的。由于没有双臂，他学习游泳异乎寻常地艰难。他完全用腰以下来练，所以比别人辛苦得多、累得多。

刚开始练速度的时候，没有双臂的刘伟常常是队员里游得最慢的，而不

第一篇 启动成功的发动机

服输的他一直告诉自己，一定要追上其他队员。没有手，他就加强腿部的力量；没有手，他就用牙咬住绳子；没有手，他就在腰间绑上塑料保持平衡。在高强度的训练下，他进步神速。

2002年，在全国残疾人游泳锦标赛上，刘伟一举获得了两金一银的好成绩。他的梦想是要参加2008年北京残奥会。

就在他为此积极做着准备的时候，一场突如其来的疾病降临到他的身上。长时间高强度的训练导致刘伟劳累过度，他患上了一种叫作过敏性紫癜的病，这是一种非常严重的免疫力低下的疾病。如果刘伟再这样练下去，就会有生命危险。经过精心治疗，三个月后，刘伟再一次摆脱了病魔，却不得不放弃游泳，刘伟又一次陷入深深的迷茫之中。

为了音乐梦想，用双脚学习弹钢琴

高三那年，刘伟开始从电脑上下载各种类型的歌曲，听得如醉如痴。疯狂地迷恋上了音乐后，刘伟有了想要创作音乐的冲动，于是他买来各种乐理方面的书籍，闭门苦读。母亲为儿子四处寻找音乐老师，通过刘京生的再次帮助，刘伟认识了独立音乐制作人钟老师。钟老师对他说，要学作曲，得先学弹钢琴。

失去双手的刘伟从没接触过钢琴，更别说弹钢琴了。可是好强的刘伟不想就这样轻易放弃自己的音乐梦想，于是他挑战极限，学习用双脚弹钢琴。

不久，母亲帮刘伟联系上了一所残疾人大学。音乐老师明确告诉刘伟，用脚弹钢琴史无前例，没有任何可以借鉴的教材。没人教，就自学；没有脚趾的指法，就自创。刘伟坚信只有想不到的，没有做不到的。

可是，当刘伟坐到钢琴前面时，他才发现，用脚弹钢琴远比他想象的困难得多。由于钢琴比较高，刘伟的脚没有支撑点，双腿完全是悬空的，长时间练习后会非常劳累。家人为刘伟用木板做了一个和钢琴一样高的放脚的架子，这样刘伟悬空的脚垫在上面就不那么辛苦了。

然而，各种难题又接连出现了，如大脚趾短且宽，稍微歪一点就会带键。但经过一段时间的练习，刘伟已经能用自己独特的方式弹出一个个标准的音符，这对于他来说是相当不容易的。

练就脚趾弹钢琴绝技，为刘德华伴奏

那段时间，刘伟用脚练钢琴达到了痴迷的程度，除了吃饭，他就是坐在钢琴前研究、摸索，每天都练七八个小时，每天都在进步。经过两个多月的

埋头苦练，他终于熟练掌握了自创的脚趾指法，并且可以左右脚进行和声演奏。三个月后，他弹出了第一首完整的乐曲《雪绒花》；六个月后，他弹出了达到钢琴七级水平的《梦中的婚礼》。2008年4月29日，刘伟作为特邀嘉宾，参加了《唱响奥运》节目的录制，刘德华被刘伟的表演深深感动，在刘伟弹完钢琴后，立即跑过去拥抱他。随后，刘伟演奏了一曲刘德华的《天意》，在琴声的伴奏下，刘德华和现场观众一起唱了起来。

刘伟也在学习唱歌，还在钟老师的录音室学习如何制作音乐。刘伟说，弹钢琴只是他走出的第一步，第二步要成为一个音乐人，要开始作曲作词，创作真正属于自己的音乐。

资料来源：利平，陈文. 无臂小伙练就双脚弹钢琴［N］. 北京广播电视报，2010-03-18.

第二篇
定好成功的指南针

有了争取成功的动力,还必须把这些动力运用到正确的方向,才能达到成功的目的。要想沿着正确的方向去争取成功,就必须定好成功的指南针,找准自己的目标,即确定清晰的目标,经营自己的强项。

第四讲

明确自己的目标

成功箴言

你必须知道自己的一生想要追求什么,下定决心得到它。一心一意地专注于你的目标,才能确保成功。思考并且规划你想要追求的目标,完全不去理会其他干扰。这就是所有成功人士所遵循的公式。

——拿破仑·希尔

原理与指南

积极的心态是构筑成功大厦的基础,而清晰的目标则是构筑成功大厦的砖石。一个人过去或现在的情况并不重要,一个人将来想要获得什么成就才最重要。如果没有对未来的理想,一个人永远也做不出什么大事来。

有目标才会成功

大家都知道,如果要开车出远门,一定会先确定目的地,并且带着地图,然后才会开车动身。我们到航空公司买机票,如果不说明要到达的目的地,对方也无法出票。然而,在现实生活中,只有为数不多的人知道自己一生要的是什么,并且有可行的计划达成目标。这些人都是各行各业的领导者,都是没有虚度此生的成功者。据美国劳工部统计,每100个美国人当中,只有三个人能在65岁时获得经济上某种程度的无忧无虑;每100个65岁(或以上)的美国人当中,就有97个人必须依靠他们每个月的社会保险金才能生存；每 100 个从事律师、医生等高薪职业的美国人当中，只有 5 个人活到 65 岁时不必依赖社会保险金。之所以如此多的人无法达成他们的理想，原因在于他们从来没有真正定下生活的目标。所以，拿破仑·希尔告诉我们，有了目标才会成功。

目标是对于所期望成就的事业的真正决心。目标比幻想好得多，因为它是可以实现的。没有目标，不可能发生任何事情，也不可能采取任何步骤。如果一个人没有目标，就只能在人生的旅途上徘徊，永远到不了任何地方。所以，对于自己想去的地方，首先要有一个范围才好。一个人过去或现在的情况并不重要，将来想要获得什么成就才最重要。

目标是构筑成功大厦的砖石

目标不仅是个人追求的最终结果，而且是成功路上的里程碑，它在整个人生的旅途中都起着重要的作用。主要表现在：

（一）目标能使我们产生积极性

目标确定之后，它就在两个方面起作用：它既是人们努力的依据，也是对人们的鞭策。目标给了人们一个看得见的射击靶，人们在努力实现这些目标的过程中会产生成就感。当人们实现了一个又一个目标，思维方式和工作方式就会渐渐改变，积极性就会越来越高。

（二）目标能使我们看清使命

世界上，很多人对自己的人生和周围的世界感到不满意。据调查，在这些对自己的处境不满意的人中，大约有 98% 的人对心目中喜欢的世界没有一幅清晰的图画，他们没有改善生活的目标，没有一个人生目的去鞭策自己。结果就是，他们只能继续生活在一个他们无意改变的世界里。

拿破仑·希尔说，有一位医生对活到百岁以上的老人的共同特点做过大量研究，结果发现这些寿星在饮食、运动、节制烟酒等方面并没有什么共同特点，他们的共同特点是对待未来的态度——他们都有人生目标。

制定人生目标未必能使一个人活到 100 岁，但必定能增加一个人成功的机会。人倘若没有目标，也许就会一事无成。正如一位贸易巨富所说的："一个心中有目标的普通职员，会成为创造历史的人；一个心中没有目标的人，只能是个平凡的人。"

（三）目标能使我们发挥潜能

许多年前，某报纸做过关于 300 条鲸鱼突然死亡的报道。这些鲸鱼在追逐沙丁鱼时，不知不觉被困在了一个海湾里。弗里德里克·布朗·哈里斯这样说："这些小鱼把海上巨人引向死亡，鲸鱼因为追逐小利而暴死，为了微不足道的目标而空耗了自己巨大的力量。"

没有目标的人，就像故事中的那些鲸鱼，他们虽然有巨大的力量和潜能，但却把精力放在了小事情上，而小事情使他们忘记了自己应该做什么。说得明白一点，要发挥潜力，我们必须全神贯注于自己有优势并且会有高回报的目标。目标能助一个人集中精力，当一个人不停地在自己有优势的方面努力时，这些优势就会进一步发展，最终实现目标。

（四）目标能使我们未雨绸缪

成功人士总是事前决断，而不是事后补救。他们提前谋划，而不是等别人的指示。他们不允许其他人操纵他们的工作进程，他们有自己的目标和计划。古语说得好："人无远虑，必有近忧。"不事前谋划的人是不会有好结果的。

目标能帮助我们未雨绸缪，迫使我们把要完成的任务分解成切实可行的步骤。要想制作一幅通向成功的交通图，人们必须先有目标。正如 18 世纪美国发明家兼政治家富兰克林说的："我总认为一个能力很一般的人，如果有个好计划，是会大有作为的。"

（五）目标能使我们分清轻重缓急

制定目标有助于我们分清日常工作的轻重缓急。若没有目标，我们很容易陷入与理想无关的日常事务当中。一个忘记最重要事情的人，必然会成为琐事的奴隶。有一位智者曾经说过："智慧就是懂得该忽视什么东西的艺术。"其道理就在于此。

（六）目标能使我们有能力把握现在

成功人士都能够把握现在。人只能在现在通过努力去实现自己的目标，正如希拉尔·贝洛克说的："当你做着将来的梦或者为过去而后悔时，你唯一拥有的现在却从你手中溜走了。"

虽然目标是朝着将来的，是有待将来实现的，但目标能使我们把握现在。为什么呢？因为任何大的目标都是由一连串的小目标组成的，要实现远大的理想和目标，就必须制定并且实现一连串的小目标，每个大目标的实现都是几个小目标实现的结果。所以，当我们集中精力于现在手上的工作时，就会明白现在的种种努力都是为实现将来的目标铺路，从而珍惜现在，把握现在，做好现在的各项工作，一步一步地奔向成功。

（七）目标能使我们评估取得的进展

不成功者有一个共同的问题，就是他们极少评估自己取得的进展。他们大多数人或者不明白自我评估的重要性，或者无法量度取得的进步。

目标提供了一种自我评估的重要手段。如果一个人的目标是具体的，看得见、摸得着，那么就可以根据自己距离最终目标有多远来衡量目前取得的进步，从而不断增强实现目标的信心，最终实现自己的目标。

（八）目标能使我们把重点从工作本身转移到工作成果

法国博物学家让·亨利·法布尔曾做过一项研究，他研究的对象是巡游毛虫。这些巡游毛虫在树上排成长长的队伍前进，由一条虫带头，其余的虫紧紧跟着。法布尔把一组毛虫放在一个大花盆的边上，使它们首尾相接，排成一个圆圈。这些毛虫像一个长长的游行队伍，没有头，也没有尾，一直沿着花盆的边不停地爬行。法布尔在毛虫队伍的旁边摆了一些食物来诱惑它们，它们要想吃到食物，就必须解散队伍，不再一条接一条地爬行前进。

法布尔预料，这些毛虫可能很快会厌倦这种毫无意义的爬行而转向食物，可是毛虫却没有这样做。出于纯粹的本能，毛虫沿着花盆的边以同样的速度一直走了七天七夜，一直走到饿死为止。这些毛虫遵守着它们的本能、习惯、传统、先例、经验，它们干活虽然很卖力，但却毫无结果。

许多不成功者就跟这些毛虫差不多。他们自以为忙忙碌碌就是成就，干活本身就是成功，他们混淆了工作本身与工作成果的区别。实际上，任何工作本身并不能保证成功，要使一项工作有意义，就一定要朝向一个明确的目标。也就是说，成功的尺度不是做了多少工作，而是做出了多少成果。

目标有助于我们避免这种情况发生。如果一个人制定了明确的目标，定期检查工作进度，自然就会把重点从工作本身转移到工作成果，从而努力做出足够的成果来实现目标。随着一个又一个目标的实现，就会进一步制定更高的目标，实现更大的理想。

明确目标的要求

一个没有目标的人就像一艘没有舵的船,永远漂流不定,只会陷入失望、丧气和失败的海滩。即使有了一个目标,但如果是一个模糊不清的目标,同样难以到达目的地,永远只能在原地徘徊。有记者问了美国财务顾问协会的前总裁刘易斯·沃克这样一个问题:"到底是什么因素使人无法成功?"他回答道:"模糊不清的目标。"记者请他进一步解释,他说:"我在几分钟前就问你:你的目标是什么?你说希望有一天可以在山上拥有一座小屋,这就是一个模糊不清的目标。问题就在于'有一天'不够明确,因为不够明确,成功的机会也就不大。"

"如果你真的希望在山上买一座小屋,你必须先找到那座山,了解你想要的小屋的现值,然后考虑通货膨胀,算出五年后这栋房子值多少钱。接着你必须决定,为了达到这个目标每个月要存多少钱。如果你真的这么做了,你就可能在不久的将来在山上买一座小屋。但是,如果你只是说说而已,那梦想就不可能实现。梦想是愉快的,但如果是没有实际行动计划的模糊梦想,则只能是妄想而已。"所以,拿破仑·希尔告诉我们,目标必须是长期的、特定的、远大的、具体化的。

(一)目标必须是长期的

如果一个人没有长期的目标,家庭问题、疾病、车祸以及其他无法控制的种种情况,都可能成为一个人无法克服的挫折,甚至会导致行动彻底失败。如果一个人拥有了长期的目标,就会将每一次挫折(不管多么严重)都看作是继续进步的垫脚石,而决不会看作是绊脚石。无数成功人士的经验证明,只要人们每天都朝着既定的远大目标努力,就一定能实现梦想的目标。

(二)目标必须是特定的

大家知道,如果我们找来一个放大镜和一张纸,将放大镜对着太阳光、一张纸,把太阳光的焦点照射在纸上,那么过一段时间后,太阳光的热量就会把纸燃烧起来;相反,如果将放大镜在太阳和纸之间来回晃动,则虽然太阳光也可以照射在纸上,但是因为太阳光不能聚焦在一个点上,就永远不能把纸燃烧起来。

同样的道理,不管一个人有多大的能力和才华,如果不会管理它,不能将它聚焦在特定的目标上，并且一直聚焦在目标上，那么，就永远无法取得成功。当一个有经验的猎人发现一群猎物（如鸟、兔子、鹿等）时，并不是对着整群猎物开枪，而是瞄准其中的一只猎物开枪，只有这样，才能射中瞄准的猎物，大获成功。如果他不把目标瞄准在特定的猎物上，而是对着整群猎物盲目开枪，那么即使他有百步穿杨、百发百中的技能，也必然是一无所获。所以，设定目标的艺术之一就是要把目标聚焦在一个特定的追求上。

（三）目标必须是远大的

远大的目标会给人带来创造性火花，从而使人有可能取得成就。远大的目标是人们生活中一股强大的推动力，它提升着我们的人格，促使我们奋发前进。远大的目标扩展了我们的视野，开发了我们的能力，并唤醒了我们的潜力，我们会感到有一种全新的力量在血液里回旋激荡，有一种蓬勃的激情在周身汹涌澎湃，而这是那些狭隘的抱负和肮脏的动机所无法拥有的。只有远大的目标才能使我们的心灵豁然开朗，才能使我们的自我意识全面复苏，才能使我们战胜所有的懦弱与自卑，焕发出无尽的勇气和力量。

给自己设定低标准的目标会拖能力的后腿，使能力也向低标准看齐。没有任何挑战性的目标会对行动能力构成毁灭性的打击，因为我们的能力和整个的身心都是以目标为导向的。当一个人有了远大的目标时，才可能取得伟大的成就。对世界最有贡献、最有价值的人，都是那些有崇高理想、远大目标的人，古今中外，都是如此。

（四）目标必须是具体化的

在设定目标时，还有一点很重要，那就是目标必须是具体化的，是可以看见、可以衡量、可以实现的。如果目标不具体，无法衡量是否实现了，就会降低人们的积极性。为什么？因为目标是产生动力的源泉，如果一个人无法知道自己向目标前进了多少，就会泄气，甚至会甩手不干了。拿破仑·希尔曾讲过一个真实的例子，以说明一个人如果看不到自己与目标的距离会产生怎样的结果。

1952年7月4日，加利福尼亚海岸笼罩在浓雾中。在海岸以西21英里的卡塔林纳岛上，一个34岁的女人涉水下到太平洋中，开始向加利福尼亚海岸游过去。那天早晨，海水冻得她身体发麻，雾很大，她连护送她的船都看不到。15个小时之后，她又累，又冻得发麻。她知道自己不能再游了，就叫人拉她上船。她的母亲和教练在另一条船上，告诉她海岸很近了，叫她不要放弃。但是，她朝加利福尼亚海岸望去，除了浓雾什么也看不到。

从她出发算起 15 个小时 55 分钟之后，人们把她拉上船。又过了几个小时，她渐渐觉得暖和多了，这时却开始感受到失败的打击，她不假思索地对记者说："说实在的，我不是为自己找借口，如果当时我看见陆地，也许我能坚持下来。"因为她上船的地点，离加利福尼亚海岸只有半英里！后来她说，令她半途而废的不是疲劳，而是因为她在浓雾中看不到目标。两个月之后，她成功地游过了同一海峡，并且比男子还快大约两个小时。她虽然是个游泳能手，但也需要看得见目标，从而鼓足干劲完成她有能力完成的任务。所以，我们在设定目标时，一定要使它具体化。

应该确定哪些目标

优秀的组织都有 10~15 年的长期目标。管理人员要经常反问自己："我们希望公司在 10 年后是什么样子？"然后根据这个来规划，来努力奋斗。新建的工厂并不是为了满足今天的需求，而是要满足 5 年、10 年以后的需求。各研究部门也要针对 5 年或 10 年以后的需求进行研究。组织如此，个人也是如此，也应该计划 5 年或 10 年以后的事，确立好自己的目标。那么，应该确定哪些目标呢？包括下面两个步骤：

第一，把自己的理想分成工作、家庭和社交三种。这样可以避免冲突，帮助自己正视未来的全貌。

第二，针对下面的问题找到自己的答案。我想完成哪些事？想要成为怎样的人？哪些东西才能使我满足？

下面以个人 10 年长期计划为例予以说明：

（一）10 年以后的工作方面

（1）我想要达到哪一种收入水准？

（2）我想要承担哪一种程度的责任？

（3）我想要拥有多大的权力？

（4）我希望从工作中获得多大的威望？

（二）10 年以后的家庭方面

（1）我希望我的家庭达到哪一种生活水准？

（2）我想要住进哪一类房子？

（3）我喜欢哪一种旅游活动？

（4）我希望如何抚养我的小孩？

（三）10年以后的社交方面

（1）我想拥有哪种朋友？

（2）我想参加哪种社团？

（3）我希望取得社区的哪些领导职位？

（4）我希望参加哪些社会活动？

最后需要指出，一个人的成就多少会比他原先的理想小一点，所以在确定未来的目标时，眼光应该远大些才好。

如何制定和实施目标

制定和实施目标应该成为一种生活方式。制定和实施目标大体包括六个步骤：

（一）确定目标及起跑线

有的人手中拿着地图和指南针仍然找不到前进的方向，甚至还会迷失方向，其原因就在于他不知道自己现在所处的位置。只有搞清楚自己所在的位置，地图和指南针才能发挥作用。

同理，在制定和实施目标时，既要明确自己的目标，也要搞清楚自己的起跑线。没有目标就没有前进的方向，没有起跑线就无法规划自己的行程。

（二）把目标清楚地表述出来

人们需要有某种东西来给自己提供明确的指引，帮助自己集中精力于目标。这个东西只能由自己提供，别人无法代劳。

使自己集中精力于目标的最佳方法，就是把自己的人生目标清楚地表述出来。在表述目标时，要以自己的梦想和个人的信念为基础，这样做既可以帮自己把目标定得崇高、远大，又可以把目标定得具体、可行。

（三）把整体目标分解成一个个的具体目标

将人生的目标清楚地表述出来之后，就可以制定长期目标和短期目标了。目标可以涉及人生的各个领域，视人们想取得的成就而定，如个人发展、专业成就、经济收入、家庭责任、人际关系、身体健康等方面。为了便于目标的实施，要注意以下几点：

1. 人生大目标要尽可能伟大

目标越高远，人的进步就越大。远大的目标可以激发人最大的潜能，推动人取得伟大的成就。

一个人之所以伟大，首先是因为他有伟大的目标。伟大的目标为何能使人伟大呢？原因如下：所谓伟大的目标，就是要做大事，考虑更多的人、更多的事，在更大的范围内解决更多的问题。因为要解决大问题，为很多人服务，就得有大本事，有时甚至要超越个人的得失，做出某些重大牺牲。在这一过程中，自然能得到社会和人民的认可与尊敬，从而变得伟大。

2. 人生大目标不要求详细、精确

人生大目标是人生大志，可能需要十年、二十年，甚至一生为之奋斗。这样的大目标是难以精确细化的，尤其是对成功经验不足、阅历不深的青年人来说，更是如此。随着成功经验的增加和阶段性目标的实现，人会站得更高，这时人生大目标的确立会逐渐变得清晰明确。

因此，人生大目标可以不要求详细、精确，只要有个比较明确的方向和大致的程度要求就可以了，例如，立志做一个卓越的科学家、大企业家或者改造世界的政治家等。

3. 中、短期目标既要有激励价值，又要现实可行

心理学实验证明，太难和太容易的事，既不具有挑战性，也不会激发人的行动热情。中、短期目标是现实行动的指南，如果低于自己的水平，则不具有激励价值；但如果高不可攀，拿不出一个切实可行的计划来，不能在一两年内明显见效，则会挫伤积极性，反而起到消极作用。

那么，如何掌握一个合适的程度呢？这完全因人而异。由于每个人的条件不同，在制定中、短期目标时，一定要根据自己的素质水平、经验阅历、个性特色、环境条件等实际情况，使目标既要高出自己的水平，又要基本可行。

4. 中、短期目标应尽可能具体明确并限定时间

中、短期目标或者3~5年，或者1~2年，有的短期目标甚至只有三个月。对于这样的目标，如果不具体明确的话，那就等于没有目标。只有具体、明确并有时限要求的目标，才具有指导行动和激励的价值；否则，任何人都难免精神涣散、松松垮垮，这样就根本谈不上成功，更谈不上卓越。

（四）马上行动

即使确定了自己的人生目标，并认真制定了各个时期的具体目标，但如

果不行动，也会一事无成。因为没有行动，就没有一切。只有坚持不懈地行动，才能一步步走向目标，取得成功。世界上取得辉煌成就的人都有一个共同的特征，那就是目标明确，不屈不挠，坚持到底，不达目的，决不罢休。

（五）定期评估计划执行情况

定期评估进展与马上行动具有同等重要的意义。随着计划的进展，有时会发现自己的短期目标并未能使自己向长期目标靠拢，或者可能发现当初的目标并不那么现实，又或者觉得自己的长期目标中有一个并不符合自己的理想及人生的最终目标。无论是何种情况，我们都需要做出调整。一个人对制定目标越陌生，越可能估计失误，从而越需要重新评估及调整目标。

（六）庆祝已取得的成就

最后，要抽一点时间庆祝已取得的成就。拿破仑·希尔历来相信奖励制度。当我们取得预期的成就时，要奖励自己，小成就小奖，大成就大奖。但是，决不能在完成任务之前就奖励自己。当我们取得一项重大成就时，一定要把庆祝活动搞得终生难忘，以此来不断增强自己实现目标、争取成功的信心。

成功实例

（一）海尔的成功源自张瑞敏的梦想

海尔的成功源自何处，表面上看是来自海尔多年来实行的品牌战略、多元化战略和国际化战略，但最深层的源泉是张瑞敏的梦想："有一天，由我干出来的产品能够在德国市场、在全世界市场上畅销！"

受刺激产生梦想

1984年，35岁的张瑞敏第一次走出国门，到了德国。当看到我国经济和德国经济之间巨大差距的时候，他感慨万千。特别是当一位德国朋友开玩笑地对他说，在德国最畅销的中国货是烟花、爆竹时，张瑞敏有一种心在流血的感觉。当时，张瑞敏就产生了一个梦想："有一天，由我干出来的产品能够在德国市场、在全世界市场上畅销！"

同年，张瑞敏调任青岛电冰箱总厂厂长，从此走出了一条实业报国、实现梦想之路。

困境中开始圆梦

1984年12月26日，张瑞敏并非心甘情愿地接手了青岛电冰箱总厂。当他骑着自行车来到青岛电冰箱总厂就职的时候,他的心情是沉重的,因为当时"欢迎"他上任的不但有厚厚的一摞请调报告,还有147万元的亏损和臭气熏天的厂区。就在这样一个几乎成为废墟的企业里,被日本人称作"外静内热"的张瑞敏,开始了自己的圆梦之路。

1. 立规矩:从不准在车间随地大小便做起

按照一般的规律,新官上任三把火。张瑞敏接手青岛电冰箱总厂后,似乎应该马上采取抓生产、抓效益、调整领导班子等能够立竿见影的行动,但张瑞敏通过分析企业的状况,决定从建立基本的秩序、建立管理的信任关系做起。他把所有形同虚设的规章制度都放到一边,重新制定了十三条简单易行的规矩:不准在车间随地大小便,不准迟到早退,不准在工作时间内喝酒,不准哄抢工厂物资……这些规矩现在看起来似乎有些可笑,但在当时的青岛电冰箱总厂却有很多人做不到。这十三条纪律公开后,车间内大便没有了,但随意小便的现象时有发生,还有人随意拿企业的公物。于是张瑞敏就让人把"十三条"贴在车间大门上,并再一次强调了违规后的处置办法。没想到,第二天就有一人大摇大摆地走进车间,扛走一箱东西。两个小时后,张瑞敏贴出布告开除了这个人。

于是,员工明白了:新领导是认真的。不久,这"十三条"就实现了令行禁止,也为后来的"二十二条""三十三条"乃至名声远扬的"海尔企业文化"打下了坚实的基础。张瑞敏明白,这"十三条",只要员工愿意是很容易做到的,因为从简单易行的开始是建立规矩和树立管理中信任关系的最佳方式。

2. 抓质量:有缺陷的产品就是废品

规矩和秩序慢慢建立起来了,企业的产量逐步上升了,但质量问题却屡屡出现。在当时,也就是20世纪80年代,电冰箱在国内还是短缺货,凭票供应,每1000户城市居民只有几家拥有电冰箱。一般家电企业见此情景,能上生产线的拼命生产,不能上生产线的千方百计进口散件拼命组装,只图赚取眼前利益。一时市场上冰箱质量良莠不齐,真可谓"萝卜快了不洗泥"。但是,张瑞敏冷静地分析了国内外市场走向,认为这种短缺现象不会持续很久,在未来的市场上竞争,产品质量是关键。他反复对员工强调,要想在市场中取胜,第一是质量,第二是质量,第三还是质量。于是他决定提前打质量牌,这才有了那个著名的砸76台冰箱的故事。从那次砸冰箱事件后,张瑞敏"有缺陷的产品就是废品"的思想逐渐成了海尔人根深蒂固的质量意识,成了海尔"用户是企业的衣食父母""出售的是信誉""优秀的产品是优秀的人干出来的"等理念的基础，也使海尔实施六西格玛质量管理和名牌战略成为可能。

海尔这种质量意识还延伸到了服务领域，创造了具有海尔特色的"国际星级一条龙服务"。

3. 创名牌：亮了东方再亮西方

自1984年至1991年，国内许多产品都处于短缺状态。与一些企业什么好卖就生产什么的短期行为不同，海尔只专心做冰箱一种产品。张瑞敏不是不想赚更多的钱，而是不想贪多嚼不烂，想先把冰箱这个产品做成名牌，然后再利用名牌效应进行多元化经营，也就是"亮了东方再亮西方"。张瑞敏实施品牌战略，一方面抓质量、造精品，另一方面加强对品牌形象的推广。在海尔，对品牌形象的投入远大于对产品推销的投入。事实证明，张瑞敏的名牌战略是正确的。当海尔冰箱被评为全国驰名商标时，不少比海尔冰箱还早的冰箱牌子不见了，一些当初比海尔规模大的企业也已经找不到了。

前进中加速圆梦

从1991年开始，借着海尔响亮的品牌效应，海尔走上了现代企业发展壮大最基本的道路——用资本运作实现多元化扩张，从而加快了圆梦的速度。

海尔通过资本运作进行多元化发展的过程，更加体现出张瑞敏充分考虑客观因素的权变管理才华。张瑞敏认为，在国际上，企业兼并可分为三个阶段：当资本存量占主导地位而技术含量并不占先的时候，是大鱼吃小鱼，即大企业兼并小企业；当技术含量超过资本的作用时，是快鱼吃慢鱼，即技术创新能力领先的企业打败技术创新能力落后的企业；到了20世纪90年代，出现了一种强强联合，即所谓的鲨鱼吃鲨鱼。张瑞敏深知中国国情，在中国，大鱼不可能吃小鱼，也不可能吃慢鱼，更不可能吃鲨鱼。在当时的中国，由于体制原因，鱼只要还活着，就不可能让你吃掉，你去吃死鱼可以，可是吃死鱼是要闹肚子的。想吃鱼又不想吃死鱼怎么办？张瑞敏在活鱼和死鱼之间找到了空间：吃休克鱼。所谓休克鱼，就是那些硬件条件较好，但管理等软件跟不上的企业。张瑞敏自信用海尔的管理能力和企业文化能够把这些企业搞好。从1991年到1998年，海尔按照吃休克鱼的思想，先后兼并了青岛红星电器厂等18家企业，每家企业派去三个人，一人全面负责，一人负责抓产品质量，一人负责抓企业管理，从而使全部18家企业扭亏为盈。

凯歌中实现梦想

品牌创出来了，企业规模和实力也壮大了，张瑞敏终于可以去实现自己的梦想了："有一天，由我干出来的产品能够在德国市场、在全世界市场上畅销！"从1998年起，海尔开始实施国际化战略。

张瑞敏为海尔国际化战略设计了一个出乎常理的思路：先难后易，即无论是出口还是到国外建厂都首先选择发达国家。说它出乎常理，是因为一般企业出口产品时，总是倾向于先向比本国落后的国家出口，即使出口到比本国发达的国家，也是售价很低，以出口创汇为目的。而海尔不仅先向发达国家出口，而且售价很高，以出口创牌为目的。有人说张瑞敏是逆向思维，其实不然。张瑞敏有他自己的分析：先向发达国家出口是很难，但一旦在发达国家站住了脚，再向发展中国家出口就会事半功倍。至于卖较高的价，首先来自对海尔产品品质的自信，其次就是要打破外国人心里中国货是便宜货的印象。其实早在海尔打开国内市场时，张瑞敏就采取过先难后易的策略，即先占领北京、上海等发达城市市场，等在发达城市树立品牌效应后，再借势向一般城市推广，结果取得了良好的效果。

海尔的国际化战略经过了海尔的国际化和国际化的海尔两个过程。"海尔的国际化"是海尔在国内成为知名品牌后大力发展出口业务，而且打海尔品牌。当然前提是海尔已经成为中国很有竞争力的出口商，产品的各项标准能符合国际标准的要求，在国际市场上很有竞争力。正如一位德国经销商所说："海尔进入德国恐怕是挡不住的，因为它的质量征服了我们。我们的好奇心也使我们犯了错误，我们不敢相信一个中国造的产品敢标出与西方比毫不逊色的价格，一旦进入检验程序，我们就没有理由拒绝了，因为它确实不错。"

"国际化的海尔"是指在国外建设海尔，不再是一个从中国出来的海尔产品，而是在当地设计、当地生产、当地销售的海尔产品，也就是本土化的海尔。自从海尔在国外建厂以来，国际化的海尔受到了许多人的质疑，很多人甚至认为张瑞敏是在赔本赚吆喝。尽管昨天的成功并不意味着明天一定成功，但是我们应当相信张瑞敏多年权变管理的才华。

资料来源：张彦宁. 创业英雄［M］. 北京：企业管理出版社，2003.

（二）张秀玉：我为何选攻企业战略管理？

我曾经教过哲学、政治经济学、劳动经济学、人事管理学、企业管理学、行政管理学及人才学等学科，1997年又选攻企业战略管理。为什么呢？

第四讲 明确自己的目标

第一，这是全国开展工商管理培训带来的一个极好的机遇。

第二，该学科是一门极其重要的学科，被称为企业管理的"帝王学"，在未来有很大的市场需求。

第三，在我国研究该学科的人数较少，强手不多，有望在该领域做出成就。

第四，我的兴趣、气质、智慧、知识、经验、阅历适合研究该学科。

第五，最重要的是，我有必胜的信心、决心、恒心和毅力，我一定能反复实践，反复总结，不达目的，决不罢休。

结果：根据多年教学、科研、培训和咨询的实践经验，我编著了《企业战略管理》教科书，由北京大学出版社出版。该教科书共出了三版，印了20余次，销售10万余册。

该教科书不仅在中国很受欢迎，而且很快传到了美国，深受当地企业界、教育界和出版界的欢迎和重视。应美国北美商务出版社（North American Business Press）特约，该书英文版《商业战略：新视野》已经在美国出版发行。

同时，我还为十几家企业制定过企业战略规划，成了理论与实际紧密结合的中国著名战略管理专家。

第五讲

经营自己的强项

成功箴言

在失败之后和成功之前，请找到常被忽略的普通道理——经营自己的强项。

——拿破仑·希尔

原理与指南

目标是构筑成功大厦的基石。目标通常包括工作、家庭和社交三个方面，这三个方面是紧密相连的，每一个方面都与其他方面有关。但是，其中影响最大的是工作。这是因为，一个人家庭生活的水准、在社交中的名望，大部分是以工作表现来决定的。那么，如何正确地选择工作呢？拿破仑·希尔告诉我们，选择工作必须找准自己的强项，并经营好自己的强项，这可以改变你的一生。

找准强项是成功的关键

在日常生活中，总有许多人渴望自己能够走出困境，获得成功，但又苦于找不到出路，因此身心疲惫，失望至极，甚至对自己的人生感到索然无味。为什么会有这种现象发生呢？拿破仑·希尔曾明确地说："由于我们的大脑限制了我们的手脚，因此我们掌握不了出奇制胜的方法。"

宽泛地讲，这种人的错误就在于：不了解自己的强项是什么，常常过高或过低地估计自己的能力。本来有能力做成的事，结果因犹豫不决而错失时机；本来无能力做成的事，结果因求胜心切而冒险出击。在实际生活中，这种人不是一个、两个，而是为数不少。因此，太多的抱怨是没有用的，关键还是要清醒地面对自己，找准自己的强项，并依靠自己的强项去获得成功。

显而易见，一个没有强项的人，在绝大多数情况下，只能羡慕别人，而一个找不准自己强项的人，又只能盲目行动，这两者都是可悲的。一个人在自己的强项上不断努力，成功的概率就会很高；一个人在自己的弱项上与别人较量，只能把成功的果实拱手让给别人。假如在自己的强项上失败，人生的遗憾就不会太多，因为已经发挥了自己最大的能力；相反，就会留下更多的遗憾。当然，没有遗憾的人生是不存在的，但是，一生都没有找到自己的强项，那就是人生最大的遗憾。所以，一定要找准自己的强项，并经营好自己的强项，这是改变一生的关键。

科学寻找制胜的强项

如果一个人已经到了十八岁，那么可能要做出一生中最重要的两个决定。这两个决定将深深改变一个人的一生，影响一个人的收入、幸福和健康。这两个决定既可能造就一个人，也可能毁灭一个人。那么，这两个决定是什么呢？

第一，未来将如何谋生？是做一名工人、农民、商人、教师、医生，还是做一名科学家、发明家、政治家、作家、画家、工程师？第二，未来将选择一个什么样的人生伴侣？对很多人来说，这两个重大决定，特别是第一个决定，通常像是一场赌博。

那么，如何才能降低选择中的赌博性呢？这里仅就第一个决定提出如下建议：

首先，如果可能的话，应尽量找一个自己喜欢的工作。

爱迪生就是一个很好的例子。他几乎每天在实验室辛苦工作18个小时，在那里吃饭、睡觉，但他丝毫不以为苦。他宣称："我一生中从未做过一天工作，我每天其乐无穷。"难怪他会取得成功！

菲尔·强森也是一个很好的例子。他的父亲开了一家洗衣店，把他叫到店中工作，希望他将来能接管这家洗衣店。但菲尔痛恨洗衣店的工作，所以懒懒散散的，提不起精神，只做些不得不做的工作，其他工作一概不管。有时候，他干脆不来。他父亲十分伤心，认为养了一个没有野心不求上进的儿子，使自己在员工面前非常丢脸。

有一天，菲尔告诉父亲，他希望到机械厂做一个机械工人，一切从头做起，这使他父亲十分惊讶。菲尔穿上油腻的粗布工作服，从事比洗衣店更为辛苦的工作，工作的时间更长，但他竟然快乐得在工作中吹起口哨来。他选修工程学，研究引擎，装置机械。而当他在1944年去世时，已经是波音飞机公司的总裁，并且制造出了"空中飞行堡垒"轰炸机，帮助盟国军队赢得了第二次世界大战。如果他当年留在洗衣店不走的话，他和洗衣店——尤其是在他父亲死后——究竟会变成什么样子呢？可以断定，他准会把整个洗衣店毁了。

其次，如果自己的兴趣与个人生存需要和国家需要矛盾时，应该先服从个人生存需要和国家需要。

当外界环境不能为自己提供非常喜欢的职业，而自己为生活所迫又不得不从事某项暂时不太喜欢的职业时，那就应当努力去改变自己，让自己逐步适应环境的需要，在适应的过程中培养新的兴趣和爱好。这样，经过一番努力，也仍然可以取得成功。例如，"华人首富"李嘉诚的父亲是位校长，他从小就想像父亲一样当个教师，从事教育事业。但是，由于父亲过早去世，为生活所迫，他不得不在14岁时就辍学去当学徒、店员，养活母亲和几个弟妹，直至后来终身从商，并获得巨大的成功。

又如，著名科学家、两院院士闵恩泽说，"国家需求"是自己一生的动力。他对自己一辈子工作的总结非常简练："我这一生只做了三类工作：第一类是国防急需，石化发展急需；第二类是帮助企业扭亏为盈；第三类是战略性、前瞻性、基础性的工作。"正如从1984年开始就与闵恩泽合作的中科院院士何鸣元所说："闵先生有一个非常鲜明的特点，那就是强烈的责任感。搞科研的人往往强调兴趣，因为自己有兴趣的领域才容易出成果。而闵先生则不同，他更强调社会需求，只要国家急需，他就研究什么，哪怕跨度再大，也不回避。"

最后，要学会做多项选择。

人生是一个多项选择的过程，在各种选择中找到自己的强项是非常有必要的。例如，不要只因为家人希望自己做什么，就勉强从事某一行业，除非自己喜欢。不过，我们仍然要仔细考虑父母给予的劝告，因为他们积累了众多的经验和智慧。但是，到最后做决定时，还是要依靠自己。因为将来工作时，感到快乐或悲伤的是自己。这里，提供下述建议（其中有一些是警告）作为选择工作时的参考：

1. 阅读并研究有关如何选择职业的建议

这些建议通常是由最权威的职业指导专家或职业指导机构提供的。但是，这些建议往往谈的都是最一般性的看法，和每个人的情况有较大的差距。因此，决不可言听计从，只能作为参考。

2. 要避免选择那些原已拥挤的职业和事业

据调查，在美国，谋生的职业有两万多种，但在一所学校里，竟有三分之二以上的男生和五分之四以上的女生仅选择其中的五种职业。这种现象在我国也随处可见。如果盲目选择那些已经人满为患的所谓"热门职业"，那就像千军万马抢过独木桥一样，必然会遇到特别激烈的竞争，必然要下一番很大的功夫才可能取得成功。

3. 决定进入某一职业之前先做一个全面调查

在决定进入某一职业之前，应该先花几个星期的时间，对该职业做一个全面调查，以获得一个全面性的认识。

如何才能达到这个目的呢？最简单、可行和可靠的办法就是与那些已在这一行业中干过十年、二十年或三十年的人士面谈。这些面谈将有可能产生深远的影响，甚至会成为一个人生命中的转折点。

千万记住：在做出决定之前，多花点时间探求事实真相是十分必要的。如果不这样做，将来很可能后悔不已。

4. 要克服"自己只适合一种职业"的错误观念

在一般情况下，每个正常的人都可能在多项职业上成功；相应地，每个正常的人也可能在多项职业上失败。因此，不要让思路变狭窄，"一头撞南墙——死不拐弯。"

快速挖掘自己的强项

找到强项就等于找到了走向成功的路子，但这并不等于成功。要实现成功的目标，还必须快速挖掘自己的强项，并巧妙地经营好自己的强项。那么，如何快速挖掘自己的强项呢？

（一）要有旺盛的激情、崇高的理想和抱负

当一个人感觉到内心深处有一股不可抑制的激情在汹涌奔流时，当一个人发现自己是那么强烈地渴望去做某事时，当一个人的理想和自我意识发出无声的呐喊时，就意味着一个人正在一步步接近自己的强项。所以，不要让自己的热情冷却，不要让理想的火焰熄灭。下定决心，告诉自己，不能在浑浑噩噩中虚度此生，不能屈服于生活的不理想状态。要振奋自己的精神，朝着值得为之奋斗的目标大踏步前进。

（二）要敢于表现自己的能力

一般人都有一个通病，那就是如果他在某一方面缺少特殊的才能，他就不想再努力，以为再努力也是枉然。可是还有许多人，在最初的时候其实与常人无异，也没有特殊的才能，但最终成功了。这是因为他们的自信力要高过一般人，并能以自信力作为支柱去努力奋斗。如果一个人不去实地试验，就永远不会知道自己的身体里究竟有多少才能与力量，也就永远无法挖掘出自己的强项。

（三）从缺点中挖掘自己的强项

如果一个人找不到自己的缺点，就不可能找到自己的强项。许多人往往既感到自己很有才能，又觉得在某一方面或某几个方面有缺陷，由此担心自己无法发展。这种思想其实是成功的绊脚石，它会破坏一个人成就伟业的自信心。其实，一个人在某些方面的缺点是完全能够克服的。

通常来说，人的智力会因经常运用而有所改变，用得越多，智力就越敏锐。如果一个人在某个方面有缺陷、有弱点，就应该在那些方面多加努力，把自己的思想经常集中在那些方面，多加思索。这样，思想常常集中的地方，那部分的脑细胞就会渐渐变强、渐渐发达，最终就会变成自己的强项。

（四）从信心中挖掘自己的强项

如果一个人的信心极弱，那么其努力程度也就微乎其微，更不可能挖掘自己的强项。信心是一切成就的基础，蕴含着巨大的力量。对自己有极大信心的人不会怀疑自己是否处在合适的位置上，不会怀疑自己的能力，也不会担心自己的将来。

信心是联系主观与客观，或者说是人的灵魂与肉体的一个关键环节。正是借助于信心，一个人才能挖掘伟大的内在力量。凡是能增强一个人信心的东西都能增强一个人的力量，从而帮助一个人挖掘强项。

（五）从本色中挖掘自己的强项

无数成功人士的经验证明，完全模仿别人绝对会一事无成。只有发挥自己的特色，才有可能逐步给自己定好位，并且把自己的特色变成自己的强项，成为改变命运的手段。

查里·卓别林就是一个典范。卓别林开始拍片时，导演要他模仿当时的著名影星，结果他一事无成。直到他开始发现了自我，保持了自己的本色，成为他自己时，才渐渐成功。我国的赵本山、宋丹丹、陈佩斯等喜剧演员也有类似的经验，他们以前有许多年都在唱歌跳舞，但却没有成功，直到他们发挥了自己演小品的才能，才真正走红。

因此，切勿单纯模仿别人，否则，人的大脑就会生锈。要敢于发现自我，保持自己的本色，从而挖掘出自己的强项。

（六）从渴望中挖掘自己的强项

正是由于人类有那么多的欲望和追求，人们的潜质才得以充分挖掘，人们的能力才得以全面开发，人们才有可能进化和发展到现在的高级阶段。所以，在生活中，我们要把每一次由渴望产生的推动力都当作挖掘自己强项的动力。我们要努力与那些比自己优秀、接受过更好的教育、有着更高的素养、更加优雅迷人，并在自己所知甚少的领域有着渊博学识和经验的人结交，这将大大刺激我们的欲望，从而帮助自己挖掘强项。

（七）从机会中挖掘自己的强项

毫无疑问，要发挥强项，离不开捕捉机会的本领。在人的一生中，机会常常会出现，要把握住机会，征服机会，让它变为自己发挥强项的条件，所需要做的事只有一件，那就是行动起来。

那些拥有强项的优秀人才不会等待机会的到来，而是寻找并抓住机会，征服机会，让机会成为服务于自己的奴仆。"不要等待机会出现，而要创造机会"——这是一条挖掘强项的定律。行动起来吧！要像战争或和平时期所有的伟大领导者一样，去创造非同寻常的机会，挖掘和发挥自己的强项，直至最终达到成功。

（八）通过集中精力挖掘自己的强项

拥有强项的过程是一个去粗取精的过程，园丁都懂得这个原理。富有经验的园丁会把树木上许多能开花结果的枝条剪去，一般人往往觉得很可惜。但是园丁知道，为了使树木能更快地茁壮成长，为了让果实结得更饱满，就必须忍痛将这些旁枝剪去，否则，将来的总收成肯定要减少。

做人、干事业也是这样的道理，与其把所有的精力消耗在许多毫无意义的事情上，还不如看准一项适合自己的重要事业，集中所有精力，埋头苦干。如果想在一个重要方面取得伟大的成就，那么就要大胆地举起剪刀，把所有微不足道的、平凡无奇的、毫无把握的愿望完全剪去。在一件重要的事情面前，即便是那些已有眉目的事情，也必须忍痛剪掉。如果能把心中的那些杂念——剪掉，使生命力中的所有养料都集中到一个方面，那么在事业上就一定会结出美丽丰硕的果实。

巧妙经营自己的强项

强项是一个人最强的能力，是能为自己和社会创造最大价值的能力。那么，如何经营自己的强项呢？

（一）尽快成为某一行的专家

每个人都希望引人注目，拥有自己的一席之地，发挥自己的一技之长。那么，如何才能做到这一点呢？那就是尽快成为某一行的专家。这里虽然强调"尽快"，但并没有一定的时间限制，只是说越早越好。因此，"尽快"二字的意思是，当一个人走进社会入了行之后，就要毫不懈怠，竭尽全力地把自己所处的那一行弄清楚，并成为其中的佼佼者。如果一个人能够做到这样，则很快就可以超越其他人。

那么，怎样才能尽快在某一行中成为专家呢？笔者给出以下建议供参考：

（1）选定行业。在一般情况下，与其根据专业来选，不如根据兴趣来定。然而，不管根据什么来选，一旦选定了这个行业，最好不要轻易改行。这是因为，改行会让一个人中断学习，降低效果。

（2）勤奋苦学。俗话说："勤能补拙。"其实，"勤"并不只是为了补"拙"，即使是智者也不能离开一个"勤"字。如果去看看那些成功人士的故事，就会发现，一个人的成功除了需要机遇与天赋外，真正离不开的还是一个"勤"字。"勤"不仅能补"拙"，更能助人一臂之力。

（3）制定目标。我们可以把自己的学习分成几个阶段，并限定在一定的时间内完成学习任务。这是一种压迫式的学习方法，既可以逼迫自己向前进步，也可以改变自己的习惯，训练自己的意志，效果相当好。

第五讲　经营自己的强项

当一个人成为专家后，其身价必然会水涨船高。不过，一个人成为专家之后，还必须注意时代发展的潮流，并不断更新，提高自我，做到"活到老，学到老"，否则，很快就会落伍，甚至被淘汰。

（二）敢于追求精确

成功往往与精确的行动有关，那些粗糙的行动只能导致很高的错误率。强者在经营自己的强项、发挥自己的强项时，都有追求精确的精神。

例如，乔治·格雷厄姆是伦敦一个很有名气的钟表商。当顾客问他的钟表的精确度怎么样时，他都会回答："你只管放心拿去用。七年以后你来找我，如果那时候时间误差超过五分钟，我一定把钱退给你。"过了七年，有一位顾客来找他，说："是这样，我已经用了七年，它的走时误差超过五分钟了。"他说："真的？如果是这样，我就把钱退给你。"顾客说："除非你付我十倍的价钱，不然我不退。"他回答："不管你开什么条件，我都不会食言的。"他把钱付给了那位顾客，换回了那块表，留着自己校准时间用。由于格雷厄姆先生敢于追求精确，他发明的太阳系仪、司行轮、水银钟摆等一直被后人使用，到现在几乎也没有什么改进。他为伦敦格林尼治天文台制作了一台大钟，到现在走时已经超过150年，但性能依旧良好。

又如，美国金融家斯蒂芬·吉拉德简直就是精确的化身。凡是他颁布的命令，一律要严格执行，不能有丝毫的违背。只要他承诺过的事情，他不会有一丝一毫的违反。他认定，凡事如果不能追求最大的精确，那么，最终不可能有巨大的成功。他常说的一句话是：不是做得很不错，而是做得没有任何一点错。

类似例子，举不胜举。所以，我们应该像追求智慧与财富那样去追求精确。要下定决心，养成良好的做事习惯，不拖拉应付，不敷衍塞责。精确就是一个强项，就是一种个性，就是一种力量。

（三）把自己的行为条理化

要想成功，必须条理化地安排自己的活动，否则，一个人不可能有过人的强项。那些把什么东西都弄得乱七八糟的人，终有一天是要失败的。有些人失败以后找不到原因，其实，他面前的那张写字台已经把其中的原委说出来了：桌面上到处是纸张和信封；抽屉里塞满了各种物品，乱七八糟；报架上报纸、文件、信纸、稿件和便条堆得混乱不堪，毫无头绪。

要克服混乱，把自己的行为条理化，关键是要懂得时间管理。时间管理做得好，就可以经营好强项。而要管理时间，就需要先管理自我，找出自己浪费时间的原因，从而对症下药。一般人浪费时间的原因包括：缺乏计划、能力低下、授权不当、沟通不良、犹豫不决、缺乏毅力等。

先确立目标，再排定先后顺序，制定出远期和近期目标，是时间管理的必要步骤。大至拟定人生方向，小至每年、每月、每天的日程安排，都应遵守这个原则。

（四）保持旺盛的精力

一个人要经营自己的强项，最需要的就是要保持旺盛的精力，精力是取得成功的本钱。一旦有了精力，无论怎样艰难的事情都不成问题。但是，很多人往往把自己宝贵的精力随意挥霍掉，把精力用在一些毫无意义甚至是自寻烦恼的事情上，而那些事情对他们的成功是没有一点益处的。如果能掌握控制自己的心智和精神的方法，使自己的精力得以积蓄和扩充，而决不让一点一滴的精力用到那些毫无意义的事情上去，那么，我们的前程一定会灿烂辉煌。

在生活中经常会看到：有些人操劳过度，不注意劳逸结合；有些人随便牺牲自己的休息和睡眠时间，去换得一夜的狂欢；有些人脾气暴躁，动不动大发雷霆；还有些人吃喝嫖赌，荒淫无度；等等。所有这些坏习气都会使一个人的精力，即体力和脑力受到极大的损害，长此以往，他的健康、智慧、判断力、创造力都将丧失殆尽。这样一来，他的强项就会丢失，他就再也没有成功的希望了。

人是生而平等的。任何愿意刻苦努力、积极上进的人都可以成功。以前，英国有一个盲人竟然成了世界上的大音乐家、大数学家和大慈善家。有许多人慕名前去拜访，他的妻子对来访者说："其实，他并不比任何人聪明，但是他精力充沛，能不断地发展自己的才干，随时抓住一切机会，所以能有今天的成就。"从这几句话中，我们应该领略到成功的真谛。试想，如果这个盲人不务正业，随意耗费自己的精力，那么，他不但不能发展自己的才干，取得事业和家庭的成功，而且必然会变成社会上的废人和包袱。

（五）克服拖延的习惯

每个人在自己的一生中都有着种种的憧憬、理想和计划，这些憧憬、理想和计划一般都是自己强项的具体体现。如果人们能够发挥自己的强项，将这些憧憬、理想和计划迅速地加以实施，那么就容易获得成功。然而，如果有了好的计划后，却不去迅速执行，而是一味地拖延，致使一开始充满热情的事情冷淡下去，使强项逐渐消失，那么，再好的计划也必然落空。

拖延的习惯往往会阻碍人们做事，因为拖延会摧毁人的创造力。有热情的时候去做一件事，与热情消失以后去做同一件事，其中的难易苦乐相差很大。趁着热情高涨的时候做一件事情往往是一种乐趣，也是比较容易的；但在热情消失后再去做那件事，往往是一种痛苦，也不易办成。其实，今天的事拖到明天去做，在这个拖延中所消耗的时间和精力，就足以把今天的事做好。所以，拖延实际上是很不合算的。

要经营好自己的强项，就要医治拖延的恶习。医治拖延恶习的唯一方法，就是立即去做好自己当天的工作。要知道，多拖延一分，工作就难做一分。所以，要立即行动，做到"今日事，今日毕"。

（六）控制自己的情绪

每个人都会有情绪的波动，这是人和其他动物的不同之处。不过，现实生活中有人控制情绪功夫一流，喜怒不形于色；有人则说哭就哭，说笑就笑，说生气就生气。若一个人无法控制自己的情绪，则不仅会给人留下一种不好的印象，影响人与人之间的关系，而且会使人丧失理性，失去正确的判断力，更有甚者，会伤害一个人的身体，特别是生气，一口气将人气倒甚至气死的事例随处可见。

凡是有强项的人，都有一套能够控制自我情绪的本领。在人的一生中，总会遇到许多人际关系和事业上的不如意，这些不如意需要以智慧和耐心去解决，而不是靠一时的大发脾气。所以，无论在事业上还是在人际关系上，遇到不如意时，请别说"只要我喜欢，有什么不可以"，而是应该先忍耐，再掂量轻重，最后做决定。

（七）善于积累无形资产

人的资产分为有形资产和无形资产两种。不管是哪一种资产，都需要积累才可以增加，才会给人们带来效益。然而，从经营强项的角度谈，积累无形资产显得更为重要，因为无形资产将决定一个人是否能拥有有形资产。

无形资产具体包括以下内容：

（1）专业经验。专业知识很容易就能得到，但经验却需要长期积累。师傅和徒弟的不同之处在于师傅有徒弟所没有的经验，所以一个人经验越丰富，在专业领域里就越有地位。

（2）个人信用。古人说："人无信不立。"这里强调的就是信用，一个人做事有信用，做人有信用，别人自然会相信他，敢和他来往，敢和他合作。有信用的人，专业能力就算稍差，别人也愿意给他机会；专业能力强而没有信用的人，别人受骗一次就怕了，所以这种人的成就是有限度的。

（3）负责尽职。没有人喜欢不负责的人，因此，一个人对大小事情负责尽职，必然会让人产生信赖，进而敢把重要的事托付给他。

（4）个人荣誉。这里指的是一个人所处的单位或其他团体给予的荣誉，这种荣誉不一定有奖金，但却是对一个人的肯定。也许在别人眼中这是微不足道的荣誉，但若要认真评价这个人时，这些荣誉便产生了力量。

（5）平易谦和。没有人会喜欢狂傲自大、咄咄逼人的人，因为这种态度会使对方有压迫感，而平易谦和却让人如沐春风。一个人人缘好，朋友就多，当然也就左右逢源了。

成功实例

（一）要做铁打的营盘，不做流水的兵

有人曾问孙楠：今生若不唱歌，你会做什么？孙楠回答说：三百六十行，行行都想试试！这话一点儿不假，事实上，假如没有选择音乐，孙楠极有可能三百六十行都去试试。有例为证，孙楠在 16~17 岁的短短两年间先后从事过 11 个工种，但最终他还是待在了音乐这个领域。

1985 年，孙楠初中毕业，想自己独立，于是开始找工作。他找到的第一个工作是当建筑工人，人家盖楼他推砖，工作很辛苦，孙楠咬牙坚持了三天，赚了 26 元，便受不了了，这哪是他当时能扛得住的体力活儿。接下来，孙楠又去海边一个干休所找到一个焊接工作，跟着老师傅学技术，师傅嫌他一窍不通，就把他转到了木工房。接下来又到仪表厂干过电工，在城乡服务联社做过服务员……两年下来，孙楠换了 11 个工种。其中，孙楠最喜欢当锅炉厂的司炉工。在大连电机厂，孙楠经过三个月的认真学习，在众多同学中唯独他考到了司炉证。孙楠上岗后，特别爱聊天，每天把煤上完了就找人聊天，且一聊就是半天。这引起了车间主任的不满，因为只要孙楠一上班，大家就都跟着他聊天去了，没办法，孙楠被迫辞了职。

干来干去，孙楠觉得没有一项工作特别适合自己。那时候，刚刚有流行

第五讲 经营自己的强项

音乐，孙楠觉得鼓手挺帅的，他就边工作边练打鼓。他当时做的是铅笔厂的油漆工，于是以铅笔为鼓槌，以油桶为鼓，就地取材，做了即兴鼓手。恰好这时，铅笔厂要组建一个乐队，缺少鼓手，孙楠有了用武之地。在乐队排练期间，孙楠忽然觉得比起做油漆工，做音乐要简单许多，不用学就上手了。因为他的父亲是教声乐的，他本人从小就练弹钢琴。此时，孙楠心中第一次有了点儿谱：如果把音乐做成铁打的营盘，他便不必再做那流水的兵了。

做鼓手不久，孙楠被发现还有极强的演唱天赋，他天生的跨越八度音域的宽广音色令人惊叹。轻而易举，孙楠就由鼓手改为边鼓边歌，最后干脆专门从事演唱。之后，孙楠进入大连市百花艺术团，开始随团南征北战去各地演出。

1987年，大连市举行了一场全市卡拉OK大奖赛，孙楠跃跃欲试，一首《篱笆墙的影子》给他带来了潮水般的掌声，第一名非他莫属。但遗憾的是，大赛组委会另有想法，大奖赛的桂冠被戴到了另一名选手的头上，孙楠屈居第二名。愤怒的孙楠不服，他没有上台去领那个二等奖，致使整场赛事不欢而散。结果，孙楠因此遭到为期三年的封杀，三年之内不准在大连市舞台上露面。孙楠被迫远离家乡，在福建、河北、天津、北京等许多地方演出，尝尽了生活的艰辛。

1991年，对孙楠来说无疑是幸运的一年。这一年，广东音像为孙楠出了一张唱片——《弯弯的月亮》，该唱片有幸被著名作曲家谷建芬听到了。谷建芬也是大连人，恰巧孙楠又与谷建芬妹妹的儿子是同学，于是他获得了拜见谷建芬的机会。见面后，一曲《花瓣雨》唱得比童安格还要童安格，极富张力的声音震撼了谷建芬，孙楠被留在了中央歌舞团谷建芬声乐中心。

1992年，孙楠作为谷建芬的十大弟子之一，与毛阿敏、那英、解小东等一起参加了香港"中国风"的演出，获得了极大成功。"92中国风"为孙楠赢得了广泛的香港市场。不久，刘德华所在的香港BMG唱片公司找到孙楠，商谈签约一事。这样，孙楠成为内地第一个与境外唱片公司签约的歌手。

签约后，孙楠就离开了北京，去中国香港、东南亚发展，一去就是五年。五年里，孙楠在BMG出了三张个人专辑——《我们都是伤心人》《生生世世》《认识孙楠》；在马来西亚、新加坡等地举办了十几场个人演唱会，成为第一位在国外开个人演唱会的内地歌手。

1996年，孙楠的好朋友李杰创作了一首《红旗飘飘》，拿给孙楠看，孙楠爱不释手。"五星红旗，你是我的骄傲；五星红旗，我为你自豪……"哼着这昂扬的旋律，孙楠的眼前不由浮现出他这些年在海外漂泊的一幕又一幕，一个决定在他心中生根发芽：回祖国内地发展。

让孙楠最激动的是，回到祖国的怀抱让他找到了开发自己嗓音宝藏的钥匙。他的歌声该含蓄时含蓄，该爆发时很有激情。沿袭这一方向，他推出了《你快回来》《风往北吹》《少年包青天》等歌曲，都取得了骄人的成绩。他的新专辑《不见不散》《南极光》等也畅销海内外。

在接下来的几年间，孙楠以歌唱实力横扫各大颁奖典礼，拿奖拿到手软。但他很谦虚，他常说："到现在我都不敢说自己是如何的好，只是我相信在音乐这条道路上我一直是一个很努力的人。我把握的一个度就是，要感动别人先得感动自己。"

2003年，孙楠推出了他的全新大碟《缘分的天空》，其中，不少歌曲是他亲自执笔创作的。7月，他被美国迪士尼公司首选为动画片《海底总动员》中文版主题歌的唯一演唱者；8月，他的第七张专辑发行，该专辑集合了《玉观音》《结婚十年》《射雕英雄传》等时下最火影视剧的插曲；9月，他登上长春万人体育馆的舞台，开启歌唱生涯中第一场内地个人演唱会……

孙楠是那种歌唱时一心一意、全情投入、激情四射的人，他说："我始终相信能够打动我的音乐也一定可以打动你。我希望我的音乐可以让你敏锐的触角伸向四面八方。"

资料来源：根据《中国青年》2003年第19期报道编写。

（二）"卖猪肉比卖电脑还要有技术含量"

对于刚毕业的大学生，几乎不可能把卖猪肉作为自己的职业。数年前，北大才子陆步轩当屠夫的新闻曾一度传遍大江南北，并引发了人们关于"此行为是否浪费人才"的大讨论。然而数年之后，另一位北大才子陈生也悄悄进入养猪行业，并在短短一年时间内开设了近100家猪肉连锁店。在一次访谈中，陈生爆出惊人话语："卖猪肉比卖电脑还要有技术含量"。

一篇论文引发辞职念头

陈生，广东湛江人，北京大学经济学学士，清华大学EMBA。1984年毕业后，分配至广州一个机关，三年后他毅然决定下海。谈及为何放弃这样一个人人羡慕的"铁饭碗"时，陈生笑着说，当时进入机关的，只有他一人是经济学出身。有一天，他闲来无事写了篇名为《中国迟早要进入自由经济》

的论文，后来还发表了，但不知怎的论文竟辗转到了上司手中。上司看后就把他叫去办公室"教育"了一番，认为他的观念有问题。

"当时可郁闷了，觉得自己在那里格格不入，也找不到职业优势。"陈生说，他喜欢独立地对某些东西做出决定，但在那个工作环境中，他无法按照自己的个性行事。可以说，"论文事件"促使他做出了辞职的决定。

种菜赚得人生第一桶金

辞职后为了生计，陈生当起了"走鬼"，开始摆地摊卖衣服。卖了数月衣服后，他赚了一点小钱。有一天，他去湛江农村的一位亲戚家玩，正好当天亲戚抬着自己种的100多斤萝卜上街去卖，可是由于当时天气不佳，亲戚只卖出了10斤，赚了10元钱。当天村子里其他农民的遭遇也相差无几，一群农民都很生气，坐在地上抱怨"明年再也不干了"。

然而，当时站在一边的陈生受了这句话的启发。按照经济学原理，供小于求时价格会上升。于是，他便用倒卖衣服赚取的一点积蓄承包了100亩菜地，自己带着一些菜农来耕种。他发现，除了供求外，蔬菜的价格受天气的影响最大，尤其是当西伯利亚寒流逼近广州地区的前一天时，天气闷热，蔬菜的价格特别便宜，陈生就趁机将市场上能收购的蔬菜都收购了。到了降温那天正好过节，大多数农民都没有出来卖菜。"进价1毛钱一斤，我卖到6毛钱一斤。"陈生说，这笔倒卖让他赚到了人生的第一桶金，一下子赚了十几万元。此后，他开始专做倒卖蔬菜的生意。而关于天气影响蔬菜价格的领悟，陈生笑着说他一直守口如瓶，直到时隔八年回去和当年的菜农们闲聊时才透露出去。

两个电话催生醋饮料

1993年，拿着赚到的第一桶金，陈生开始投身于湛江的房地产业。只用了三年时间，他就做到了湛江房地产市场的前三名。考虑到房地产业涉及的一些法律之外的不安全因素，陈生开始转行去制造饮料。"当时我想做一种纯碳酸饮料。"陈生说，正当他的纯碳酸饮料研发进入最后关头时，两个朋友打来的电话改变了他的命运。

陈生说，当时两个朋友都不约而同地给他打电话说："你不要再研发你的碳酸饮料了，这年头大家都流行喝醋饮料啦。"原来，当年由于某国家领导人在湛江视察时选择了雪碧勾兑醋这种新颖喝法，一时间醋饮料风靡起来。陈生跑到市面上调查了一番，发现大家都是直接将醋和雪碧勾兑在一起，却没有一种现成的醋饮料。随即,他拍板决定马上生产醋饮料。

去菜场买肉,投身猪肉行业

"我喜欢在未知领域或者说在一种比较复杂的环境下做一些事情,满足自己的一些欲望,包括卖猪肉。"陈生说,决定投身猪肉行业是他去菜场买肉时突然决定的。他发现这个行业被别人误解了,这个职业被别人误解了,很多东西都被别人误解了。广州的猪肉市场一年几十亿元,为什么没人去做大?带着这样的疑问和巨大的市场诱惑,陈生开始投资猪肉行业。他认为,越是被人忽视的行业,机会就越大。

他解释说,假如他是卖电脑的,他得面临像联想这样的大企业的竞争,但是选择卖猪肉,与他的竞争对手相比,他还是有优势的。他就要在这个职业里面干出一点大的事,如人家卖一头猪、半头猪,而他能卖到十几头猪,这不就是北大水平吗?

对于"卖猪肉比卖电脑还要有技术含量",陈生有一番解释:"卖电脑就是把各种硬件进行组装,然后卖给消费者。组装是一门技术,只要稍加学习便可。但是对于卖猪肉而言,肥肉、瘦肉、排骨等如何分割、如何搭配,决定了卖猪肉是盈利还是亏损,其可变性很大。"

他举例说,如瘦肉,全部是瘦的不好吃,太肥了,也不好。从口感上说,或许加上3%的肥肉最好,但操作起来没法教,可能就是靠手感,这就是技术含量的体现。

于是,2006年,陈生在湛江和广西交界处附近打造他的土猪养殖场,2007年开始在广州开猪肉档卖猪肉。在短短一年时间里,陈生的猪肉档发展成为广州乃至广东最大的猪肉连锁店。

资料来源:佚名. 北大毕业生开百家猪肉连锁店[EB/OL]. 全球加盟网,2009-01-10.

第三篇

握好成功的方向盘

　　有了正确的方向和目标，还要沿着正确的道路去实现目标，就像汽车要想顺利到达目的地而必须握好方向盘一样。而要握好成功道路上的方向盘，就必须坚决执行两条"铁律"：一是保持专注——控制注意力；二是强化自律——自己管住自己。

第六讲

控制注意力

成功箴言

要集中精力在能获得最大回报的事情上；别浪费时间在对成功无益的事情上。一次只专心做一件事，全身心地投入并积极地希望它成功。不要让你的思维滑到别的事情、别的需要或别的想法上去。专心于你已经决定做的那个重要项目，放弃其他所有的事。成功的人都会一次专注于一件事情，而不会把注意力分散，结果样样都懂，样样不精。

——拿破仑·希尔

原理与指南

当人们明确了目标后，便已选好了注意力应该集中的对象。此时，应该忘记"不要把鸡蛋放在一个篮子里"的谚语，而要反其道而行之，"把鸡蛋放在一个篮子里"，并控制注意力保护好这个篮子，将它成功地带往市场。所谓控制注意力，就是协调所有思想和能力并引导它们共同为实现一个既定目标而努力的过程。控制注意力一方面是其他许多成功原则发挥作用的自然产物，另一方面是保证这些原则贯彻到底的最重要的辅助工具。它就像打靶一样，首先要确定一个靶心（既定目标），然后再精确瞄准，屏住呼吸，扣动扳机，从而击中靶心。控制注意力的目的，就在于使自己的心智瞄准一个明确的目标而不断地思考、持续地行动，最终找出一条实现既定目标的可行之道。所以，控制注意力既是控制内心力量的具体表现，也是自我控制的最高形式。如果一个人能制伏自己的心，那就没有什么不能控制的了。

目标专一："我只做一件事"

美国《成功》杂志庆祝创刊 100 周年时，编辑们节录了一些早期杂志中的优秀文章，其中有一篇令人印象深刻。该文作者西奥多·瑞瑟在爱迪生的实验室外面扎营三个礼拜之后，才访问到这位世界著名的发明家。以下就是访谈的部分内容：

瑞瑟："成功的第一要素是什么？"

爱迪生："能够将你身体和心智的能量锲而不舍地运用在同一个问题上而不会厌倦的能力……你整天都在做事，不是吗？每个人都是。假如你早上 7 点起床，晚上 11 点睡觉，你做事就做了整整 16 个小时。对大多数人而言，他们肯定是一直在做一些事，唯一的问题是，他们做很多很多事，而我只做一件事。假如他们将这些时间运用在一个方向、一个目的上，他们就会成功。"

爱迪生的经验——"我只做一件事"，恰恰是他获得 1000 多项发明专利，成为"发明大王"的制胜法宝。不管是谁，只要掌握了这一法宝，都能取得成功。

例如，安德鲁·卡耐基专注于钢铁，结果成了"钢铁大王"；约翰·洛克菲勒专注于石油，结果成了"石油大王"；亨利·福特专注于汽车，结果成了"汽车大王"；等等。

可见，专注是一把进入成功之门的神奇钥匙，它能构成一股无法抗拒的力量。它能打开通往财富之门，能打开通往荣誉之门，也能打开通往健康之门。

我们人类所有的伟大天才，都是经由专注的神奇力量发展起来的。但是，要想充分发挥这把"神奇钥匙"的力量，就必须把意识集中在某个特定的欲望上，找出实现这个欲望的方法，并且成功地将之付诸实际行动，直到最终实现目标为止。

花匠们都知道，剪去大部分花蕾后，可以使养分集中到少数花蕾上，这样就可以开出更美的花朵。做人就像培植花木一样，青年男女们与其把所有的精力消耗在许多毫无意义的事情上，不如看准一项适合自己的重要事业，集中所有精力，埋头苦干，则一定可以取得杰出的成绩。

世界上无数的失败者之所以没有成功，主要不是因为他们才干不够，而是因为他们没有集中精力，不能全力以赴地去做适当的工作。世界上最大的浪费，就是一个人把宝贵的精力无谓地分散到许多不同的事情上。一个人的时间有限、能力有限、资源有限，要想门门都通、样样都精，绝不可能办到。如果你想在任何一个方面做出什么成就，就一定要牢记这条法则。

不要博而泛，而要精而专，这是当今时代的要求。在这个社会分工越来越细、专门领域越来越精的时代，如果一个人把自己的精力分散开来，那他注定是不会成功的。明智的人最懂得把全部的精力集中在一件事情上，唯有如此才能实现目标；明智的人也善于依靠不屈不挠的意志和持之以恒的毅力，努力在激烈的生存竞争中获得胜利。

成功学大师卡莱尔说得好："即使是最弱小的生命，一旦把全部精力集中到一个目标上也会有所成就；而最强大的生命如果把精力分散开来，最后也将一事无成。水珠不断地滴下来，可以把最坚固的岩石滴透；湍急的河流一路滔滔地流淌过去，身后却没有留下任何的痕迹。"最伟大的人是那些全力以赴、锲而不舍的人，他们一锤又一锤地敲打着同一个地方，直到实现自己的愿望。我们这个时代的成功者是那些在自己的领域无所不知，对自己的目标坚定不移，做事专心致志、精益求精的人。总之，一句话：泛而杂必败，专而精必胜。

控制注意力与"和谐吸引律"

当我们能够掌握控制注意力这一原则并且运用它时，就会发现可以从这一原则中得到许多好处：它会调整我们的思想，帮助我们从思想中排除掉所有消极情绪，使我们不会再受到这些情绪的干扰，从而实现拿破仑·希尔所讲的"和谐吸引律"。

所谓和谐吸引律，是指能够满足彼此需要的力量和事物，都具有相互结合在一起的自然倾向。例如，成功学的十八项原则彼此之间并不是相互隔离、互不相干的，而是密切联系、相辅相成的。实践了其他原则，有助于做到控制注意力；同样，做到了控制注意力，也有助于其他原则更好地发挥作用。具体来说：

（一）控制注意力与明确目标

确定想要的东西，制订得到这些东西的计划，并按照计划行动，这三件事都要求我们将大部分的思想和努力集中在一个单一目标上。我们需要一个可以让自己集中注意力的特定对象，一旦选定了这个对象，它就会离我们越来越近，而我们也会更清晰地看到它。

（二）控制注意力与成立智囊团

控制注意力的初步效果之一，就是成立智囊团。因为我们必须谨慎地组织这个团体，依靠他们的帮助来实现自己的目标。同时，由于智囊团的集体运作，又会增加我们的信心、独立、想象力、创造力、个人进取心、热忱和赢的意志，所以，它又能强化我们的注意力。如果我们能得到他人的帮助和鼓励，就能一直向成功之路迈进；反之，若一个人单独奋斗，则很可能变得步调缓慢，甚至感到沮丧并且退却。

（三）控制注意力与必胜的信心

在明确目标并且组织智囊团之后，接下来就要以百折不挠的付出精神，展现自己达成目标的信心。把注意力集中在自己认为会成功的事情上，比集中在不太可能成功的事情上要容易得多，所以控制注意力的努力会给我们的信心一定的空间，使信心得以茁壮成长。可以说，信心的力量和控制注意力的成果是结合在一起的，并且会相互给予巨大的力量。

（四）控制注意力与积极的心态

在完成上述步骤之后，我们的心态必然已经相当积极了。因为此时我们已经看到自己即将成功的证据，一切可能使我们恐惧、怀疑和沮丧的"自我设限"都会消失得无影无踪。由于忙于实现自己的明确目标，所以我们将不再犹豫不决或拖延时间，同时也容不下其他任何消极思想。

（五）控制注意力与多付出一点点

多付出一点点要求我们必须不断地实践，这项原则应该成为我们做任何事情时都应该采取的一种态度和作风。在我们应用这一原则时，控制自己的注意力会使自己更具有干劲，并且会激发内在的热忱和对智囊团的信心。同时，这一过程又会强化积极的心态，使我们更容易控制自己的注意力。

（六）控制注意力与个人进取心

就像多付出一点点的原则一样，控制注意力对于我们的进取心也具有相当大的影响。而且任何由进取心所产生的积极事物，都会强化我们的意志，进而强化我们控制注意力的能力。

（七）控制注意力与自律

自律能支配并控制所有的情绪（包括积极情绪和消极情绪），而我们的情绪力量可以用来帮助自己控制注意力。这时，我们的思想就会像结构完美的机器一样发挥功能，不会出现任何不适当的运转或者损耗能源的摩擦。

（八）控制注意力与创造力

前面的各项原则对于我们的想象力已经产生了很大的刺激作用。带有明确目标的潜意识将会使我们把想象付诸行动，同时在清晰度和可行性方面产生让我们感到惊讶的念头、计划和直觉。我们将会发现达到目标的新机会，其他人也会主动和我们合作。

（九）控制注意力与正确思考

在我们主动培养正确的思考能力之前，其实已经停止了猜测，并开始以已知的事实和正确的假设作为制订计划的基础。但是，当我们的计划产生效果时，正确的思考就成了不可缺少的要素。控制注意力可以帮助我们正确思考，使我们的注意力只集中在需要注意的事情上。

（十）控制注意力与从挫折中学习

挫折只是一种要求更大、更多、更坚定努力的信息而已，它是点燃一个人意志之火的燃料。我们应该去研究自己所遭遇的挫折，从挫折中学习，从而帮助我们更好地控制注意力，努力达成目标。

（十一）控制注意力与热忱

我们的热忱会自动将我们的注意力引导到目标实现上，并且会把萦绕在我们心头的思想印在潜意识上。控制注意力的过程也会把我们的热忱引导向明确的目标，我们离明确的目标越近，热忱就越大。

（十二）控制注意力与吸引人的个性

控制注意力有助于我们改善个性中需要磨练的各项要素，并且会给予我们改掉不良习惯的决心；同时，我们培养了吸引人的个性，就会有更大的影响力和更多的机会，从而使控制注意力有更多的发挥余地。

如果我们能掌握上述成功原则，就意味着我们在控制注意力和掌握思想方面已经跨出了重要的一步，从而会更了解和影响自己最大的敌人和最好的朋友：你自己。

控制注意力和自我暗示

如果你一直想着贫穷、失败及其凄惨迹象的话，自我暗示就会调节你的思想，使它接受贫穷、失败是不可避免的，最后你的思想就会产生一种"贫穷意识"和"失败意识"，这就是许多人生活贫穷和屡遭失败的原因。相反，如果你一直想着致富、成功及其辉煌景象的话，自我暗示同样会调节你的思想，使它接受致富、成功是完全能实现的，最后你的思想就会产生一种"致富意识"和"成功意识"，这就是那些致富者和成功者获得成功的原因。

如果你能将注意力集中在一个具有积极性的明确目标上，并强迫它成为你的中心思想时，你就是在调整你的自我暗示，以便为实现既定目标贡献力量。这里，推荐一套"自我暗示法"，它能帮助我们很好地将显意识和潜意识集中到积极的目标上。

自我激励：我是最勤奋的，我一定能成功！

自我期望：我要成为一个优秀企业家！

自我要求：我一定要努力加油干！

自我表扬：我真是好样的！

自我批评：我不应该这样做！

自我关心：我一定得注意身体！

自我开导：不要因小事而烦恼！

自我命令：立即行动！

成功实例

（一）"指甲钳大王"梁伯强

梁伯强把"大老板不愿干，小老板干不来"的事——小小的指甲钳做成年销售额超过2亿元的大买卖，自己也成了名副其实的"指甲钳大王"，真是"行行出状元，大小都是王"。

总理的一句话让梁伯强动了心

1997年10月27日，时任国务院副总理朱镕基在会见全国轻工集团企业职工代表的时候，为激励大家通过调整产品结构、改进产品质量来发展我国的轻工业，特意向大家展示了台湾商人送给他的三把指甲钳，并让代表当场传看。面对这三把美观、精致、锋利的指甲钳，朱镕基感慨地说："要盯住市场缺口找活路，比如指甲钳，我们生产的指甲钳，剪了两天就剪不动指甲了，使大劲也剪不断。"

1998年5月的一天，中山市聚龙金属首饰有限公司的老板梁伯强在随手翻看一张旧报纸的时候，从一篇题为《话说指甲钳》的文章中看到了上述报道。做了十几年五金饰物生意的梁伯强感觉到同行竞争越来越激烈，要取得突破必须另辟蹊径。这篇文章使他意识到一个突破的机会已经降临，每天考虑国计民生的总理居然会关心小小的指甲钳，说明物小事不小，其中必有市场空白点，必有商机。

深入调查，挖掘市场

此后的半年时间里，梁伯强几乎跑遍了国内外稍有点名气的指甲钳生产企业，收集了各种有关指甲钳的第一手信息。调查发现，全国大大小小的指甲钳生产企业有160多家，国内原有的五大指甲钳品牌都出自国有企业，但由于机制等原因，这几家企业都已经奄奄一息或倒闭。而取代国有企业的私营企业或个体户，由于意识、资金、技术等原因，生产的产品比较粗糙，并且大同小异，所以竞争几乎集中在价格这一点上，几毛钱一把的占了绝大多数，赚取的只能是蝇头小利。日益成长的高端市场被悄然潜入我国市场的韩国"777"牌和日本"钟"牌等世界知名品牌垄断，单价从几元到几十元不等。在欧洲，德国"双立人"牌指甲钳的最高单价甚至相当于几百元人民币。梁伯强看到，指甲钳虽小，却几乎是人人都需要的产品，全球有60多亿人口，说明这个市场很大。

重新定位，打造品牌

梁伯强在欧洲调查时发现，那里的指甲钳是在药店或个人护理用品店出售的，其身份是"美容用品"或"个人护理工具"；而在国内，指甲钳只能与菜刀、钥匙扣等产品为伍，其身份是"日用小五金"。这种定位的差别决定了发达国家和地区指甲钳的高价位和国产指甲钳的低价位。这个发现让梁伯强真切看到了中国指甲钳行业的出路：随着人们生活水平的日益提高，我国将有越来越多的人接受"指甲钳是个人护理工具"的观念，正如雪花膏演变为护肤霜一样。所以，从一开始投资指甲钳项目，梁伯强就把指甲钳按照个人护理工具的标准进行设计、生产，并选择相应的销售渠道。

在设计上，改变了其他企业产品外观大同小异的做法，根据不同用户的需求采用不同的设计，如小孩的指甲钳就用活泼的卡通设计，女士的护理指甲钳就设计成时尚的浪漫色彩。为避免剪落的指甲壳溅到眼睛里，还别出心裁地在指甲钳上加了一个套子。

既然定位为高端精品，就必须在品质上与国际看齐，而不能让国内的低劣产品鱼目混珠。为此，梁伯强投资1000万元引进设备和优质原材料，并诚邀广州指甲钳厂原技术副厂长李国雄等专业人才，在研究和借鉴国外生产工艺的基础上改进传统工艺，尤其是对刃口进行了技术创新，将传统的挤压型改为剪切型，从而提高了锋利度。经过11个月的攻关，命名为"圣雅伦"的新一代指甲钳问世了。经国家日用金属制品质量监督检验中心严格检验，各项指标均达到或超过称霸国际指甲钳市场的韩国产品，而"圣雅伦"的价格仅有韩国的60%。

重选渠道，避开竞争

在"圣雅伦"问世之前，指甲钳由于利润太小，基本已经被大商场或国有商业企业排斥在外，只能通过批发市场流向各地中小商店甚至地摊。梁伯强选择美容用品的流通渠道来销售"圣雅伦"指甲钳，避开了与其他指甲钳的竞争。为了减少流通环节和方便管理，梁伯强只设一级经销商，经销商直接面对零售商或团体客户。做礼品饰物出身的梁伯强特别看重指甲钳的礼品市场，而国产指甲钳能够跻身礼品行列基本也是从"圣雅伦"开始的。

巧妙公关，效益翻番

由于小小指甲钳的利润不足以支撑大规模的广告投入，梁伯强便通过巧妙的公关活动来引起媒体和公众的关注。1999年9月20日晚，时任国务院总理朱镕基参观了中华人民共和国成立50周年成就展。当他来到轻工展区时，当时的国家轻工业局局长陈士能把"圣雅伦"修甲套装送到了总理手中。2000年10月8日，圣雅伦公司被全国日用五金标准化中心授权起草中华人民共和国指甲钳行业标准。

梁伯强在塑造品牌方面的努力终于有了回报。从2000年开始，"圣雅伦"就占据国内指甲钳中高档市场70%以上的份额；2001年初，"圣雅伦"被中国五金制品协会授予"2000年中国指甲钳行业第一品牌"。"圣雅伦"的销售额也基本是翻番上涨：1999年4000万元，2000年7000万元，2001年1.2亿元，2002年突破2亿元。

资料来源：乔国栋，刘瑞婷. 中国指甲钳大王梁伯强［N］. 中国经济时报，2004-05-24.

（二）张跃的专注和偏执

美国英特尔公司前总裁安德鲁·格鲁夫说过："只有偏执狂才能成功。"张跃大概就属于他所说的那种偏执狂。

"在某一个阶段对某一东西的爱好十分强烈，甚至能达到忘我的地步，这是成功的必备素质之一。凡是成功的人都有某种程度的偏执。"张跃说。

张跃很欣赏自己的狂热和专注，他认为正是这种近似于偏执的激情驱使他走向成功，鞭策他超越自我。他说："开发研制第一台空调的时候，半个多月里我瘦了20多斤，而从第一代到现在的第九代空调，我经过了九次超级狂热。狂热的激情产生了灵感，又驱动了超级的付出。"他还说："或许就在明天，当我对空调不再狂热，我就会转移我的注意力，对更高（端）的东西感兴趣，很有可能是太阳能技术方面的合作，只要它能产生一定的经济效益。无论是什么，我都会全身心投入，再次狂热。"

但是，张跃称他没有一次因为赚钱而狂热，他说："如果创业是一场网球竞赛，金钱就像是你打网球时的记分牌。如果你只看记分牌而不注意球的话，你就会接不到球或者打到球却没有力度，那么你就不可能成功。对于创业的人来讲，这一点很重要。"

由此可见，张跃的专注和偏执是有具体的对象限制的，而不是对什么都专注和偏执。因为人的时间和精力是有限的，对什么都专注只会导致对什么都不专注。张跃很好地把握了这一点——只对感兴趣的知识和技术专注，而对钱财不特别看重，如此才成就了他的一番事业。

资料来源：党宁. 中国富豪谈发家史［M］. 哈尔滨：哈尔滨出版社，2004.

第七讲

强化自律

成功箴言

　　自律使你得以控制自己，它以控制你的思想和行为作为开始。如果你无法控制你的思想，就无法控制自己的行为。因为人是先思考而后才行动的。自律的具体表现就是意志力，意志是思想的主宰，它有权命令你所有的精神活动。但这项权利来自持续不断而且合乎道德的练习。经由自律训练出来的意志力，是一种无法抗拒的力量。

——拿破仑·希尔

原理与指南

　　自律就是要自己控制自己。它是以控制人的思想和行为为起点，逐步形成一种习惯，而人的成功和失败都是习惯的产物。虽然我们都具有一定的习惯，但由于人类是具有能动性的会思考的动物，所以我们也有能力改变既有的习惯。在培养及保持思考习惯，以便达到明确的目标方面，最重要的机能就是自律了。如果你无法控制自己的思想，就无法控制自己的行为。自律能帮助你形成一种理智的思维模式，指导你的思想，控制你的情绪，并以积极的心态和明确的目标引导你的行为，从而最终使你取得成功。

控制你的情绪

　　大多数人都是先行动，然后再思考行动的后果，这正是盲目性和自发性的行动比比皆是，且失败者总是多于成功者的根本原因。与此相反，自律则要求你学会"谋定而后动"。要强化自律，首先要控制你的情绪。

人的情绪主要有两种类型：一种是积极情绪，另一种是消极情绪。无论哪种情绪，都是一种心理状态，都是你应该控制的对象。你可以想象，如果不控制那些消极情绪，会造成多么大的危险。例如，日常生活中经常见到有人在暴怒之下突然中风、瘫痪，或心脏病发作，甚至死亡。但你也要明白，消极情绪一旦被积极心态和自律清除掉其中有害的部分后，也能为实现目标贡献力量。例如，有的时候，恐惧和仇恨会使人将生死置之度外，进而破釜沉舟，激发出更大胆、更彻底的行动，结果常常是起死回生，转危为安。同样，如果你不能有意识地控制那些积极情绪的话，它们也会造成破坏性的结果。例如，虽然没有热忱就不会成功，但如果热忱失控，就可能使你垄断谈话内容，导致"一言堂"。这样，其他人就不愿再和你交谈，更不会给你提供建议和帮助。总之，如果你能适当地控制情绪的力量，它就可能使你获得成就；但如果你任它自由奔放，它就可能把你扔到失败的深渊之中，使你头破血流。

此外，还需要明白，对情绪只能控制，不能摧毁。因为情绪就像河水一样，你可以筑一道堤坝把它挡起来，对它进行控制和疏导，但不能永远抑制它。否则，那道堤坝迟早会彻底崩溃，并造成更大的灾难。

情绪虽然能给你带来推动力，能使你将决定转变为具体行动，但是在你释放情绪（既包括消极情绪，也包括积极情绪）之前，务必要用你的理性对它做一番检验，因为缺乏理性的情绪必然是可怕的敌人。自律的要求就是：用你的理性来平衡你的情绪。也就是说，在你做决定之前，你应该学会兼顾理性和感性。有时候应该排除所有感性，只接受理性的一面；而有的时候必须接受较多的感性，并用理性来做一些修饰。这就是我们常说的中庸之道。

古今中外，真正伟大的人往往能主宰自己的情绪，统治自己的心灵。他们是富有化学性心灵的人，也就是善于管理自己情绪的人。他们能消灭忧虑，解除烦闷，如同化学家以碱性来中和酸性一样。任何人都会面临心灵上的烦恼，人应该以理性的力量来指导自己，用适当的方法来解除心灵上的各种苦闷。当心中充满了悲观、偏激、仇恨的情绪时，只要立刻转到相反的情绪上，便会产生乐观、和谐、友爱的情绪。这就好像调节水温一样，当水太热的时候，就要把凉水管的龙头打开，热水便会立刻降低温度。一个具有化学心灵的人，知道用快乐来消除沮丧的神志、抑郁的思想。由于这样的人懂得种种管理自己情绪的方法，其心灵便不会受种种痛苦，这样的人就更有可能获得成功。一个人一旦有了健康的思想，那么不健康的思想便失去了存在的空间，因为健康的思想和不健康的思想是势不两立、水火不容的。

奥里森·马登曾说："感情是吹动我们生命之舟向前航行的风，而理智则是驾驶这艘船的舵。如果没有风，船不会前进；如果没有舵，船就会迷失方向。"你应该把感情和理智巧妙地结合起来，驾驶好"生命之舟"，稳稳地奔向成功的彼岸。

了解思想的结构

为了强化自律，除了控制好情绪之外，了解思想的结构也是很必要的。人的思想可分为六个部分，每一部分都为人的意识所控制，了解这六个部分有助于你了解自律，强化自律。这六个部分是：

（一）自尊心

这是意志力的来源，也是你所拥有的最有价值的东西，你必须控制并且锻炼你的这份无价之宝，因为它能成就任何你想成就的事。在思想的六个部分中，自尊心扮演着"最高法院"的角色，它具有评判、推翻、修正、变更、剔除所有其他部分工作的权力。因此，务必要把你的自尊心看成你最宝贵的资产，并且要像保护生命一样来保护它。

（二）情绪

情绪是使你的思想、计划和目标付诸行动的"发动机"。自律要求对情绪必须加以控制：首先，如前所述，要用理性来平衡情绪；其次，要忘掉心中隐藏的因消极记忆而产生的不健康情绪。例如，因过去的挫折和失败经历而引起的恐惧、忧愁、自卑、绝望等心理情绪。自律不允许你在心中藏有任何消极记忆，你也不应该把时间浪费在那些时过境迁的事情上。简单地说，就是你不应该向后看，而应该向前看。如果你执意向后看，那只会毁掉你的创造力，破坏你的进取心，干扰你的理性，并且会打乱思想的所有六个部分。只要你能够向前看，你就能克服心中的消极情绪，有机会开启希望、欲望和信心之门。

（三）理性

理性是你用来权衡、淘汰和正确评价你的想象和情绪的"工具"。如果说自尊心是"最高法院"，那么理性的功能就如同最高法院中的"审判工作"。理性会评价由想象力所创造出来的东西，修正情绪并核准良知所做的决定，你应借着观察、研究和分析真理的思维活动来训练你的理性。

（四）想象力

想象力是你为达成目标对计划、方法等进行创造的"智慧源"。你所有创造性的努力和新的构想均形成于想象力之中，而你必须允许你的理性小心谨慎地控制想象力的活动，集中想象力为你的明确目标服务，而不可任由它胡思乱想。由于想象力是所有新生事物之"母"，所以它是你迈向成功之路的一件无价之宝。

（五）良知

良知是检验你的计划和目标是否符合道德正义的"监察官"。你的良知随时在监控你的思想和行为是否具有道德正义。如果你能一直接受良知的审查，并且照着它的建议去做，它就能使你成为众人称赞和尊敬的人物。如果你不遵从良知的忠告，那么你就可能与你的智囊团成员日益疏离，与无穷智慧的力量断绝关系，并且时刻充满恐惧，甚至会亵渎道德，违反法律，坠入黑暗地狱。

（六）记忆

记忆是储存你所有的知识、经验以及所有得自无穷智慧的感觉和启示的"仓库"。记忆允许你将所有不如意的记忆从这个仓库中剔除，以使它有更多的空间来容纳积极的记忆。当你需要这些记忆中的内容时，便可随时调出来加以使用。

自律的任务就是协调思想的这六个部分，并对它们进行有效的控制。它所追求的直接目标就是集中、协调个人的所有努力，实现迈向成功所需要的精神和谐。

增强你的意志力

是什么力量使情绪和理性能够达到平衡呢？答案是意志力。自律会促使你的意志力成为情绪和理性的后盾，并强化二者的表现强度。

第七讲　强化自律

自律的具体表现就是意志力。意志力是整个思想的主宰，它有权力命令你所有的精神活动，使情绪和理性之间达到平衡，而这项权力来自持之以恒且合乎道德的练习。

经由自律训练出来的意志力，是一种无法抗拒的力量。人的意志力有着极大的力量，它能克服一切困难，不论经历的时间有多长，付出的代价有多大，直至最终达到成功的目的。当"智慧"已经失败，"天才"无能为力，"机智"和"技巧"说不可能，其他各种能力都已束手无策，宣告绝望之时，"意志力"便会来临。依靠意志力，终能克服各种困难，帮助人们取得胜利、获得成功。

格言云："只要功夫深，铁杵磨成针。"爱迪生也说过："一旦我下定决心，知道我应该往哪个方向努力，我就会勇往直前，一遍一遍地试验，直到产生最终的结果。"一个人如果总是三心二意，哪怕是天才，也终有疲惫厌倦之时。只有依靠恒心和意志力，坚持不懈，点滴积累，才能等到成功之日。

众多成功者的经验都证明，成功更多依赖的是人的恒心与意志力，而不是人的天赋或朋友的支持，以及其他的有利条件。恒心与意志力是征服者的灵魂，它是人类反抗命运、个人反抗世界、精神反抗物质的最有力的支持，也是成功哲学的精髓。那些意志不坚定的人，往往做不成大事，也得不到别人的信赖和支持。唯有那些有着明确的目标、坚定的信心和决心，以及顽强的意志力的人，才能创造一切，为他人所信赖，并发挥出自己的才能，最终获得成功。

成功实例

（一）索尔仁尼琴写作《红色车轮》

拿破仑·希尔在讲自律原则时，曾提到一位凭借自律而取得巨大成功的典范，他就是俄国人索尔仁尼琴。请看他是如何自律的。

索尔仁尼琴曾被俄国的压迫者监禁在古拉格集中营里数年，在被监禁期间，他不仅生存了下来，还将当时的情形都写了出来。他按照严格的时间表从事写作工作，即使被放逐到美国时也不例外。

他在回到苏俄参加国家的改革运动之前，每天早晨 6 点钟就起床，并在吃过简单的早餐之后便开始写作。中午时分，他以简短的时间用完午餐后，再继续写作到晚上，有时甚至写到第二天黎明。他不允许电话干扰他的写作，甚至很少出门。索尔仁尼琴辛勤工作的目标，就是写出名为《红色车轮》的系列小说。

为了完成这部重要的系列小说，即使在俄国的压迫者下台之后，他还是拒绝立即回国。因为他知道，一旦回国之后，就会受到很多干扰，从而影响他的写作。他必须抓紧时间，集中精力完成他的著作。他没有让无数的社交活动和上电视的机会（他可以利用这些机会为他的著作做宣传）动摇他完成目标的决心。最终，他的自律精神帮助他完成了著作。

从索尔仁尼琴的事迹可知，自律就像是一条"管道"，人们为了达到成功的目标所必须表现出来的所有个人力量，都必须流经这个"管道"，才能最终取得成功。假如把你的个人力量比喻为"汽车"，那么自律就好像是对汽车的"驾驶"。汽车虽然有强大的动力，但不能离开熟练的驾驶。只有得到熟练的驾驶，它才能成为安全、快捷、舒适的交通工具；反之，它就会像脱缰的野马一样，变成令人毛骨悚然的"马路杀手"。所以，从储存潜在力量的"储存库"中有计划、有控制地释放适当数量的力量，并将它引导到正确的方向，这就是自律的本质。

资料来源：拿破仑·希尔. 成功之路［M］. 张书帆，等译. 海口：海南出版社，1999.

（二）求伯君："中国的比尔·盖茨"

求伯君1964年出生于浙江省一个偏僻、贫瘠的小山村，曾和父母一起出去讨饭。他知道家里供他上学很不容易，于是加倍努力学习。1980年，他以数学满分的成绩考上大学。1988年，加入中国香港金山公司.

为了开发WPS 1.0，他住在地下室里，用一台386电脑废寝忘食地写程序。其间，饿了吃方便面，渴了喝自来水，困了就趴一会儿，足不出户，与世隔绝，像一台超负荷的机器日夜不停地工作。结果，他一年中三次因肝病不得不住进医院，但仍强烈要求医院允许他把电脑搬到病房里接着干。经过13个月的拼搏奋斗，中国第一套文字处理软件——WPS 1.0终于面世了，这一年他才25岁，被世人誉为"中国的比尔·盖茨"。

在微软强大的竞争压力面前，他走上了开发WPS 97的漫长征程。为筹措资金，他卖掉了价值200万元的别墅，四年如一日，每天工作14个小时以上，终于在1997年再次获得成功。因物美价廉，WPS 97在软件销售榜上超过了微软的 Word，比尔·盖茨承认："WPS 看来更适合中国人的习惯。"

资料来源：张艳蕊，魏雪峰. 求伯君　侠客情结[N]. 中国企业报，2007-04-13.

（三）我是怎样学英语的？

我是贫苦农民的儿子，上小学时在农村，而且是在 20 世纪 50 年代初期，学校根本没有条件开设英语课。考上初中后，虽然进了县城，但当时的初中也没有英语课。初中毕业之后，我被组织保送到中等师范学校学习，而当时的师范学校依然没有英语课。在上师范时，由于我政治上进，品学兼优，所以光荣地加入了中国共产党，还被学校批准破格提前一年毕业（当年我 18 岁），并留校工作，担任学校的共青团团委书记，同时讲授政治课。工作四年之后，由于我工作表现突出，又很年轻，组织上推荐我脱产到大学学习深造。考上大学之后，正赶上学校搞教育革命，下厂下乡，搞半工半读。学校虽然开设有英语课，但只上了两次课，"文化大革命"就开始了。鉴于上述原因，我从小学到大学，一直没有机会系统学习英语。

大学毕业后，我响应毛主席的号召，下乡接受了三年贫下中农再教育，以后通过再分配，二次参加了教育工作。我的工作单位是我国一家特大型军工企业下的一所完全中学，我任学校党支部委员、政工组副组长，同时讲授政治课。在这期间，就更没有机会学习英语了。

20 世纪 60—70 年代，我国的政治运动接连不断，而且由于极左思潮盛行，往往都有扩大化倾向。在我 30 多岁时，遇到了一次政治运动，由于运动扩大化，我也被隔离审查，每天打扫卫生，闭门写检查，接受批判。这一下子把我从巅峰打入了低谷，给我带来了政治厄运，这是我一生中遭受打击最大、压力也最大的时期。但我始终坚信：我是热爱共产党、热爱毛主席的，我绝不是反革命。总有一天，组织上一定会给我一个公正的结论。

政治运动虽然剥夺了我工作的权利，给我增加了很大的压力，但也使我的信念和意志得到了一次很好的锻炼，还给我提供了大量的宝贵资源——空余时间。我正好利用空余时间，变"厄运"为"机会"，利用收音机，从 ABC 开始自学英语。

我每天都坚持听、看、写、读，从不间断。在这期间，我曾经因眼睛开刀，住院治疗。即使这样，在病床上我也坚持学习。后来，随着电视机的普及，我又通过看电视继续自学，一直坚持学到 40 多岁。这样，我终于通过了中级和高级职称英语考试，并完成了《人力资源管理——加拿大发展的动力源》一书中部分章节的翻译任务。

  回顾十多年自学英语的经历，我深深体会到信念、自律和意志力对一个人成功的重要价值。正如毛泽东所说的："前途是光明的，道路是曲折的。""世上无难事，只要肯登攀。"

第四篇

强化成功的推进器

在争取成功的征途中,往往会遇到许多困难、逆境、挫折甚至是暂时的失败。在这种情况下,要想取得最后的成功,就必须强化成功的三个推进器,即保持热忱、多付出一点点、善于从挫折和逆境中学习。

第八讲

保持热忱

成功箴言

热忱是人类意识的主流,它能够促使一个人把知识付诸行动。一个人成功的因素很多,而居于这些因素之首的就是热忱。没有热忱,不论你有什么能力,都发挥不出来。热忱和人类的关系,就好像是蒸汽和火车头的关系,它是行动的主要推动力。人类最伟大的领袖就是那些知道怎样鼓舞他的追随者发挥热忱的人。

——拿破仑·希尔

原理与指南

热忱、积极的心态以及成功的行动之间的关系,就好像汽油、汽车引擎以及汽车奔驰之间的关系一样。没有汽油和汽车引擎,汽车就难以奔驰;没有热忱和积极的心态,成功的行动就难以产生。所以,热忱是成功的首要动力。热忱是出自人内心的兴奋,并扩散、充满到人的全身。没有热忱的人,就好像没有汽油的汽车、没有发条的手表一样缺乏动力,不管他有什么能力都发挥不出来。所以,一个缺乏热忱的人难以赢得任何胜利。热忱是一股伟大的力量,当它和积极的心态、目标、信心、毅力等成功的要素一起发挥作用时,就可以将缺点、劣势、逆境、挫折甚至暂时的失败等不利因素都转变为行动,并取得意想不到的成功。

控制热忱的好处

你可以运用积极的心态来控制你的思想，同样，你也可以运用积极的心态来控制你的热忱，使它不断地注入你"心灵引擎"的"汽缸"中，并被明确目标发出的"火花"引爆，继而推动信心和个人进取心的"活塞"不断运动，促使"心灵引擎"产生强大而持久的动力。然而，这一变化的关键在于你控制热忱的能力。因为热忱就像汽油一样，如果能善用它，它就会做一些有意义的工作；如果用之不当，就可能出现可怕的后果。所以，只有控制好你的热忱，才可以将任何消极表现和经验转变成积极表现和经验，并给你带来如下好处：

（一）增加你思考和想象的强烈程度

要想获得人生的最大成功，你必须拥有将梦想转化为现实的献身热忱。成功学大师戴尔·卡耐基曾说："你有信仰就年轻，疑惑就年老；有信心就年轻，畏惧就年老；有希望就年轻，绝望就年老；岁月使你皮肤起皱，但是失去了热忱，就损伤了灵魂。"这是对热忱最好的赞词！

对人生充满热忱的人，无论他做任何事情，都会认为自己的工作是一项神圣的天职，并对其怀着极大的兴趣。不论工作有多少困难，始终会以不急不躁的态度进行。只要抱着这种态度，就一定会成功。爱默生说过："有史以来，没有任何一件伟大的事业不是因为热忱而成功的。"

（二）使他人感染你的热忱

热忱是一种意识状态，它不仅能鼓舞和激励一个人对自己的目标采取行动，而且对他人具有感染力和号召力。众所周知，人类最伟大的领袖就是那些知道怎样鼓舞他的追随者发挥热忱的人。

（三）使你感觉不到工作的辛苦，强化你的身心健康

热忱是一种状态，即24小时不断地思考一件事，甚至在睡梦中仍念念不忘。事实上，一天24小时意识清醒地思考是不可能的。然而，有这种热忱却很重要。如果这么做，你的欲望就会进入潜意识中，使你或醒或睡都能集中心志。如果能把热忱和工作结合在一起，那么你的工作将不会显得辛苦或单调。很多成功人士的事迹都证明，热忱会使你的整个身体都充满活力，使你只需在睡眠时间不到平时一半的情况下，工作量达到平时的2倍或3倍，而

且还不会觉得疲倦。

（四）使你拥有更吸引人的个性

热忱是一股伟大的力量，利用它来补充你身体的精力，可以发展出一种坚强的个性。有些人天生就具有热忱，其他人却必须努力培养才能获得。发展热忱的过程十分简单，即从事你最喜欢的工作，或提供你最喜欢的服务。如果目前无法从事你最喜欢的工作，你可以选择另一个十分有效的方法，即把你最喜欢的工作当作你的奋斗目标。没有任何人能够阻止你决定一生的奋斗目标，也没有任何人能够阻止你将这个目标变成现实。

（五）使你获得自信

热忱可以使你释放出潜意识里的巨大力量。在认知的层次，一般人是无法与天才竞争的，然而，大多数心理学家都同意，潜意识的力量要比有意识的力量大得多。只要保持热忱，就能极大地发挥潜意识的力量，增强你的自信心。如果能做到这一点，即使是普通人也能创造奇迹。

（六）增强你的个人进取心

如果你没有能力，但却有热忱，那么你可以凭热忱把有才能的人聚集到你身边来；如果你没有资金和设备，但却有热忱，那么你可以凭热忱说服别人、影响别人，从而获得他人的协助，实现你的目标。所以，有了热忱，就能增强你的个人进取心，不断地取得一个又一个胜利。

如何培养热忱

拿破仑·希尔总结了成功人士的经验和自己的亲身体会，提出了培养热忱的方法，具体包括：

（一）研究、熟悉有关问题

对某种事物保持热忱的前提条件是"热心"，而对某种事物热心的关键是"熟悉"。所以，要想对什么事热心，就必须先研究、熟悉目前尚不熟悉的事。研究多了，才会熟悉，熟悉之后就容易产生兴趣，进而对其热心，最终迸发出热忱。

（二）确定一个明确目标

针对所研究的问题，确定一个将要实现的明确目标。只有知道自己在为什么目标而工作，你才会像一只猎犬追逐兔子那样紧追不舍，对工作产生巨大的热忱。

（三）制订达到目标的计划

要清楚地写下你的目标、达到目标的计划以及为了达到目标你愿意付出的代价。

（四）立即执行你的计划，坚定地照着计划去做

你对某事是否有兴趣、是否有热忱，都会在你的行动中表现出来，要强迫自己采取热忱的行动。美国哈佛大学威廉·詹姆斯教授说得好："如果你想要一种情绪，你就当作已经有了这种情绪那样工作着；而假装你已经有了这种情绪，就必定会使你真的拥有这种情绪。如果你想要快乐，就快乐地工作。如果你想要痛苦，就痛苦地工作。如果你想要热心，就热心地工作。"所以，要深入挖掘你的目标，尽量搜集有关的资料，学习它、研究它、熟悉它，和它生活在一起。这样坚持做下去，就会不知不觉地使你变得更为热忱。

（五）定期检查计划的执行情况

要定期检查计划的执行情况，发现偏差，找出原因，并立即采取补救措施。如果你遭到失败，应再仔细研究一下计划，必要时可加以修改。但是，不要仅因为暂时的失败就轻率地变更计划。

（六）要及时传播好消息

当一个人说："我有一个好消息"，这时所有的人都会停下手里的工作看着他，等他说出来才罢。好消息除了引人注意之外，还可以引起别人的好感，鼓舞大家的干劲，激发大家的热忱。要将热忱培养成一种习惯，就需要用好消息不断强化。

（七）要反省自己，天天给自己打气加油

反省自己就是反省自己对人生、对事物、对别人、对自己的看法和态度。若一个人的思想被各种有害的病态心理占据着，热忱就缺乏生存和成长的土壤。要改变这种状态，关键是需要自己做出努力。要不断鼓励自己，天天给自己打气加油，唤起自己对生活、对他人、对与自己相关联的事情的热忱，让热忱贯穿于自己的整个生活。

（八）结交热心的朋友，结成智囊团

爱默生说过："我最需要的，是有个人来指使我做我能做的事。"也就是说，一个人最需要的是有个人来指导和鼓励他。虽然你没有办法控制自己的工作环境，但是你可以结交热心的朋友，聘请有真知灼见的专家，结成智囊

团，使自己和他们生活在一起。如果你能和他们分享你的热忱，你就能增加他们的热忱，而他们也会支持你的热忱。这样，你就可以借他们的热忱和智慧来激发自己的活力，刺激自己更热忱、更有创造性地思考和工作。千万要注意：一定要远离那些死气沉沉、闷闷不乐、缺乏朝气、缺乏热忱的人。

（九）坚定信心，保持乐观精神

遗传进化学家阿蒙兰·设菲尔德曾说过："在整个世界史中，没有任何别的人会跟你一模一样。在将要到来的全部无限的时间中，也绝不会有像你一样的另一个人。"

要坚信：你是一个天生的优胜者！因为你是一个极其特殊的人，为了捍卫生存的权利，在出生之前就进行了优胜劣汰的殊死斗争。当你来到人世间，面对一切实际的目的，无论妨碍你的是何等的困难和不幸，但与结胎之战时所克服的困难比起来，前者还不及后者的十分之一。

要记住：对于活着的人，胜利乃是内藏的。如果你有这样一个认识和信念，必将激发起对事业无比坚定的热忱。

（十）在极端困难的条件下，要有破釜沉舟的勇气

拿破仑·希尔曾引用过这样一个故事：从前有个将军，为求必胜，冒险犯难，将士兵用船载往敌岸，卸下装备之后，便下令烧船。拂晓攻击之前，他对士兵们说："你们都看到船只已被烧毁了。这一仗我们非胜不可，否则我们没有人可以活着离开这里。我们只有两条路——胜利或者死亡，再无其他选择。"一战下来，他们真的胜利了。这就是中国古代著名的历史故事——破釜沉舟。

拿破仑·希尔写道："如果我们想在最恶劣、最不利的情况下仍然必胜，我们必须自动将船只烧掉，把所有可能退却的道路切断，只有这样才能保持'必胜'的热忱与心态。这是成功必备的条件。"

（十一）要打破心灵上的"蜘蛛网"

心灵上的"蜘蛛网"是由消极心态编织而成的，我们的思想往往会受它的缠绕。其中，惰性是最强大的"蜘蛛网"。惰性使人毫无热忱，安于现状，一事无成，或者朝着错误的方向一直走下去。例如，贫穷的人之所以贫穷，一部分原因就在于他们安于贫穷，习惯于贫穷，从来没有想过改变贫穷的处境，创造富裕的生活。所以，由穷变富的前提是打破惰性的"蜘蛛网"，激发致富的欲望、热忱和动力，进而创造富裕的生活。

可见，要打破心灵上的"蜘蛛网"，就要永远不满足于现状，不仅仅对自己，对周围的世界亦然。这样，就可以激发人由罪恶走向神圣，由失败走向成功，由悲惨走向快乐，由疾病走向健康。一句话，可以激发人追求成功或财富的欲望、热忱和动力。

（十二）要敢于向自我挑战

拿破仑·希尔说："向自己挑战。每一次你做一件事，尽你所能，做得比你自己上一次的表现更好、更快，你就会傲视同侪。"所以，你要敢于向怯弱挑战，变怯弱为无畏；向不幸挑战，变不幸为幸运；向失败挑战，变失败为成功；向贫穷挑战，变贫穷为富裕；向一切不满意的事物挑战，改变自己的命运，改变自己的世界。只要你能以积极的心态为指导，始终保持热忱，敢想敢干，而又不违背客观规律，那么世界上就没有办不成的事。

成功实例

（一）刘永好：企业家首先要有激情

刘永好生于1951年，四川省成都市人，高级工程师。他是中国最活跃也是最受关注的企业家之一，是希望集团的创始人之一，现任新希望集团董事长。

1982年，刘永好四兄弟毅然辞去了当时颇受人羡慕的公职，告别了舒适的城市生活，带着酝酿已久的致富计划，结伴来到偏僻的四川省新津县古家村。他们变卖了家中的四辆自行车、四只手表和一些废铁，凑了1000元，开始了艰辛的创业历程。

刘永好没有显赫的家庭背景，也没有很好的教育背景，他的成功靠的就是抓住历史提供的机遇以及自己的热忱和拼搏。他的热忱体现在以下几个方面：

首先，他对生活充满热忱。虽然天天有忙不完的公事，天天有企业经营方面的难题，但他从不把工作压力产生的恶劣情绪带到日常生活中。

其次，他的兴趣爱好相当广泛，尤其喜欢运动和摄影。在空闲时间，他常常背着相机到处游玩，回来时往往会带回几十个胶卷，上千张照片。旅游过程中，他还喜欢记笔记，每年都能写满十几个大本子，记下的很多东西别人不一定能看懂，但他觉得这不仅可以帮助他记住一些细节，而且对大脑也是一种锻炼。

最后，他的热忱尤其反映在创业的过程中。创业之初，他毅然辞去别人羡慕不已的公职，卖掉自行车和手表等仅有的家当；第一笔生意栽跟头后，为偿还债务，他起早贪黑，骑车去40千米以外的地方卖鸡蛋；市场饱和时，他识时务地及时退出，忍痛杀掉所有的鹌鹑，积极寻求新的致富门路；为了扩大规模，赚取更多的利润，他潇洒地投入几百万元甚至几千万元的研发经费；之后，他不仅进入了金融业和房地产业，而且涉足高科技领域。这一次又一次令人瞩目的大举动，无不体现了刘永好作为一名优秀企业家所拥有的精神——充满热忱。

刘永好在谈及企业家精神时说："企业家首先要有激情，要敢于想象、尝试、探索，也包含冒险，理性的冒险……企业家精神就是激情、梦想、勤奋、拼搏和探索。"

资料来源：党宁. 中国富豪谈发家史［M］. 哈尔滨：哈尔滨出版社，2004.

（二）马云：用激情把一个人的理想变成众人的理想

马云是一个富有激情的人，不管他到什么地方，见过他的人都会说他是一个很有激情的人，而且这些人自己也会被马云的激情感染。这正是马云的人格魅力所在，正是因为这种激情造就了马云的成功。在阿里巴巴刚刚成立时，马云对他的创业同盟者发誓说："我们要做一家八十年的公司，要进入全球网站的前十名！"这难道不是激情吗？马云让所有与他有过接触的人受到感染和影响，曾和他接触过的一个人这样描述道："他就像一剂毒药，把所有的不可能都变成了可能！"

阿里巴巴创办人之一的蔡崇信就是被马云的激情感染才来到阿里巴巴的。这说起来有点戏剧性，蔡崇信原来在一家国际投资公司，那次去阿里巴巴是商讨投资的可能性，结果几次和马云接触，他就被马云身上独特的人格魅力折服了。他立即辞去了年薪75万美元的工作，到了阿里巴巴，每月只领500元的薪水。这一举动也让马云吓了一跳！蔡崇信的加盟让阿里巴巴的视野更加宽阔，同时也给阿里巴巴带来了国际大投资公司高盛的人脉。

2000年5月，吴炯加盟阿里巴巴。这个雅虎搜索引擎及许多应用技术的前首席设计师，曾获得美国授予的搜索引擎核心技术专利，也是因马云的宏伟构想而被吸引到阿里巴巴的。吴炯的加盟也调动了一大批在硅谷工作的华裔精英，他们在美国为阿里巴巴做研发新产品的工作。这些人之所以加入阿里巴巴，是因为马云为阿里巴巴制定的宏伟目标，这一美好的愿景让他们心存向往。

第八讲 保持热忱

这些人的加盟也让马云意识到，不断注入的新思路和新思维，让阿里巴巴吸引着越来越多的行业精英，这才是阿里巴巴越做越大的重要因素。然而，能够吸引来那么多人才，最重要的原因就是马云自己身上的创业激情。马云不单对自己的创业充满激情，他还会用这份激情感染整个集体，让整个团队上下都充满了勇往直前的活力。即便是在阿里巴巴处于发展的低潮期时，他也会激励团队奋发有为，努力为阿里巴巴留住任何一位人才。阿里巴巴有一个普通员工，以前情绪非常消极，到了阿里巴巴之后，虽然月薪只有3000元，但几个月之后，她很自豪地对月薪高于自己的朋友说："请不要再和我提自杀那种愚蠢的话题，我正在给中国的电子商务做贡献！"这意味着她已经告别了以前的自己。

马云不仅将激情带给了员工，还带给了员工的家属。马云很看重家属的感受，他经常请员工的家属来公司参观。马云的这一做法让员工家属感受到了激情的力量，参观回家后，家属们都鼓励亲人在阿里巴巴努力工作。马云走到哪里，就会把自己的激情带到哪里。马云认为，年轻人都富有激情，可他们身上的这种激情来得快去得也快，而一个人的激情只有持久，才能推动他做一番事业。对马云而言，客户和项目都可以不要，可不能丢失自己的追求，而这个追求就是一个人的激情。失败不算什么，重要的是敢于东山再起！只有激情才能保证成功！马云在《赢在中国》里这么说："创业者的激情有的在表面上，有的在内心里，而激情不能受伤害！"

优秀的领导者会将他身上的激情带给自己身边的人，让整个集体不由自主地跟上他的前进节奏。正是因为马云身边的人在他身上看到了希望，才有了阿里巴巴今天的成就。"无论什么时候看到他，你在他眼中看到的都是自信和一定能赢的信心。你跟他在一起就充满了活力！"阿里巴巴副总裁戴珊这样评价马云。而刘伟对马云的评价是："在你绝望的时候能让你看到希望，能跟着走！"之所以一定要对心中的理想充满激情，是因为只有这样我们才会将自己生命中的绝大多数时间投入其中。在刚建立起团队时，点燃自己的激情会让团队的其他成员受到感染，这样他们就会随着你的全身心投入而投入。只有在饱满热情的支持下，你的团队和客户才更愿意相信你为他们描绘的未来，他们才会敢于尝试你为他们做的那块大饼。

俗话说"激情成就梦想"，梦想的实现需要投入激情。换一个角度来说，梦想是诱发激情的一个重要因素。如果一个企业有了远大的目标、梦想或抱

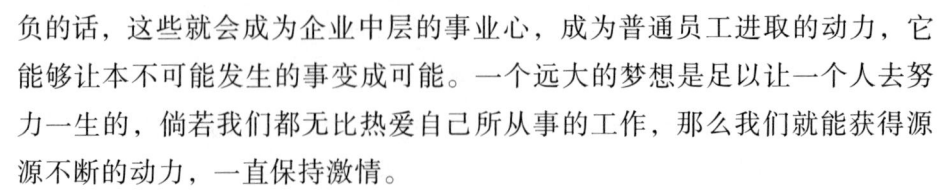

负的话，这些就会成为企业中层的事业心，成为普通员工进取的动力，它能够让本不可能发生的事变成可能。一个远大的梦想是足以让一个人去努力一生的，倘若我们都无比热爱自己所从事的工作，那么我们就能获得源源不断的动力，一直保持激情。

资料来源：秋东童话. 马云：用激情把一个人的理想变成众人的理想！［EB/OL］. 百度, 2018-03-17.

第九讲

多付出一点点

成功箴言

多付出一点点使你确信你正在做正确而且有益的事情，它使你更能对自己的良知负责并且给你信心。那些不需要别人催促就会主动去做应该做的事，而且不会半途而废的人必将成功。这种人懂得要求自己多付出一点点，而且做得比别人预期的更多。

——拿破仑·希尔

原理与指南

多付出一点点是你必须好好培养的一种心态、一种精神、一种良好的习惯，它是你成就每一件事的必要条件。如果你愿意付出超过所得的努力，那么你迟早会得到回报。你所播下的每一颗种子都必将生根、发芽、开花，最后结成数倍的果实。

成功与失败只差一点点

成功与失败只有一线之隔，只差一点点。有时我们会在不经意中就跨过这条界线，进而取得成功；有时也会站在这条界线上而浑然不知，止步不前，结果功亏一篑。很多人只要能再多付出一点点，再多一点耐心，就能跨过这一界线，取得成功，然而在紧要关头，他们放弃了努力，从而遭到了失败。

在贝尔之前，已经有许多人声称他们发明了电话。在这些取得优先专利权的人中，有格雷、爱迪生、多尔拜尔、麦克多那夫、万戴尔和雷斯。其中，雷斯是唯一接近成功的人。但是，美国最高法院却把电话的发明权判给了贝尔。为什么？请看美国最高法院的结论：

"雷斯绝没有想到这一点，他未能用电信的方式转换语言。贝尔做到了这一点，所以他成功了。在这种情况下就不能坚持认为雷斯所做的东西是贝尔发明的前奏。支持雷斯就是失败，支持贝尔才是成功。这两者的差别仅仅是成功与失败的差别。如果雷斯坚持下去，他就可能成功，但他停止而失败了。贝尔从事工作，并把工作一直进行到取得成功的结果。"

其实，两人之所以会有完全相反的结果，原因仅仅在于一点微小的差别，即一个单独的螺钉。雷斯不知道，如果他把一个螺钉转动1/4周，把间歇电流转换为等幅电流，那么他就早成功了。遗憾的是，他没有这样做。

类似的实例还有：

从远古时代起，人们就看见耀眼的闪电，听见隆隆的雷声，这天庭的炮火曾使人们惊恐万状，但谁都没有注意到这无处不在、威力巨大的电能。直到富兰克林通过一个简单的试验，才证明闪电不过是一种像大气和水一样丰富的，既不可抗拒又可以控制的力量的显现，这种力量就是电能。

在莱特兄弟之前，许多发明家已经为发明飞机付出了很多的努力，但都没有成功。莱特兄弟除了应用别人用过的原理外，又加上了一点点东西。这一点点东西是相当简单的，即他们把特别设计的可动的襟翼附加到机翼边缘，使飞行员能够控制机翼，这样就保持了飞机的平衡。正是由于莱特兄弟加上了这一点点东西，才创造了一种新型的机体。所以，在别人失败的地方，他们取得了成功，成了飞机的发明者。

"发明大王"爱迪生实验了一万次，才把有关电灯的"未知东西"变成了"已知东西"，最终发明了电灯。如果他实验到9999次时停止下来，不再前进，那就必然是前功尽弃，遭到失败。虽然这第一万次也是一次，但却是决定电灯实验成败的关键的一次。爱迪生不屈不挠，坚持实验，多付出了一点点，终于取得了成功。

多付出一点点的典范

拿破仑·希尔出生于一个贫困家庭，但他怀着成功的渴望，经过一生的奋斗，不断地寻求各种机会，努力提高和充实自己。特别是他接受"钢铁大王"安德鲁·卡耐基的委托，花了20多年的时间，亲自走访了500多位来自社会各阶层的成功人士，总结了他们成功的秘诀，创造了鼓舞千百万人走向成功的成功学，成了世界上伟大的精神激励导师。他本人也由一贫如洗变成了百万富翁，从无名之辈成长为举世闻名的社会名流。拿破仑·希尔曾在《我自己的旅程》中写道：

当我还在乔治城大学就读法律系时，就已接受安德鲁·卡耐基委托出版一本关于成功哲学的书。除了从卡耐基那儿得到一些旅费补助之外，其他一切费用都由我自行负责。

我对这份工作的奉献，使自己承受了不少的负担，我必须赚钱养家，而且许多亲戚都嘲笑我。但尽管有这些阻力，我还是为这项任务工作了20年，在此期间我拜访过知名企业的总裁、发明家、创始人以及著名的慈善家，由于这些人通常都不知道他们的成功原则（因为他们只是去做而已），所以我必须花许多时间来观察他们，并确定我原先假设能发挥功效的力量是否真的在发挥功效。除了赚取生活费之外，我还必须为这些人工作。

处在亲戚们的嘲笑和辛苦工作之间，有时真的很难保持积极心态和不屈不挠的精神。有时当一个人待在无聊的旅馆房间里时，甚至会觉得我家人的想法才是正确的。支持我向前迈进的力量使我确信，我不但能完成这本著作，而且当我完成它时会为自己的成功感到骄傲。

有时候，当心中出现希望的火苗时，我必须运用我手边能够运用的资源把它再煽大一点，以免熄灭。而使我坚持信念和理想，并且帮助我渡过难关的就是我从无穷智慧中获得的信心。

从拿破仑·希尔的叙述中，我们可以得到以下几点有益启示：

第一，多付出一点点是为了实现一个明确的目标，这个目标不仅对个人有益，更重要的是对他人和社会有益。

第二，要多付出一点点，必须有奉献和牺牲精神，否则是绝对做不到的。

第三，要多付出一点点，必须靠积极的心态做支撑，否则是很难坚持下去的。

第四，要多付出一点点，必须有一个无穷的动力源，即从无穷智慧中获得的信心。

第五，多付出一点点是一种坚韧不拔的精神，是一种良好的习惯，一旦养成了这种精神和习惯，就不会把多付出视为负担和损失，反而会感到一种乐趣和享受，并且会为自己的成功感到骄傲和自豪。

第六，多付出一点点虽然要求人们不计报酬，不怕牺牲，但是这种多付出的代价决不会白白流失，它最终必然会结出丰硕的果实。

多付出一点点的好处

如果你能养成多付出一点点的习惯，自觉地以积极的心态不停地奋斗，不断地为他人和社会提供更多、更好的服务，那么你所播下的每一颗服务的种子都将会结成数倍的果实。拿破仑·希尔经过毕生的研究，认为多付出一点点的好处主要有以下几点：

（一）培养引人注目的个性

如果你能在无法立即得到回报的情形下，仍然坚持多付出一点点，不断地提供更多、更好的服务，那么这就是在培养你积极的心态，而这一心态正是你培养引人注目的个性的基础。当你培养出引人注目的个性时，几乎所有的人都会愿意与你合作，并且依照你的意愿为你工作，这必然会极大地助你成功。拿破仑·希尔一生的旅程，就是典型的证明。

（二）增强个人进取心

个人进取心是不需要别人提醒，就能够主动地去做需要做的事情的一项优秀特质。它就像我们自我保护的本能一样，存在于我们每个人的生命中。这种永不停息的自我推动力，激励着人们向自己的目标前进。多付出一点点可以增强你的个人进取心，因为你不是在等待事情的发生，而是主动地去促使事情发生。一旦形成了不断自我激励、始终向着更高和更好目标前进的习惯，我们身上所有的不良品质和坏习惯都会逐渐消失，因为它们缺少相应的生存环境和土壤。

（三）强化个人自信心

多付出一点点可以强化你的自信心，因为"多付出一点点使你确信你正在做正确而且有益的事情，它使你更能对自己的良知负责并且给你信心"。当你不断地坚持多付出一点点，努力提供最佳服务时，你就是在建立自己的自信心。有了这种自信心，就能鼓舞你勇往直前，即使遭遇到多次挫折，甚至是暂时的失败，你也能看清自己，相信自己，这反过来又会强化你的自信心。

有了这种自信心，人们就会更加信赖你，成功也一定会偏爱你。

（四）做出最好的成绩

多付出一点点的意义在于强化自己的工作能力，并在工作上精益求精，力求做出最好的成绩。如果你能以最佳的心态和提供最佳服务的观念执行你的任务，以多付出一点点的精神鞭策自己，你便会努力丰富你的知识，提高你的技术。加强你的能力，尽可能做出最好的成绩。这样，你就会自觉地养成一种不断地超越过去、超越对手、超越自己的健康习惯，而这种习惯最终会把你引向成功之路。

（五）变成不可缺少的人物

俗话说："一招鲜，走遍天。"无论你身处哪个岗位，多付出一点点都可以使你成为组织里不可缺少的人物，为组织提供其他人无法提供的服务。也许其他人也能提供一般专业服务，但如果你能容忍在半夜两点时被叫醒，并且以积极的态度提供服务，则客户将会牢牢记住你。要使自己的地位重要到无人能取代，就要在服务中有多付出一点点的精神，这样，你便可以自己决定自己的薪酬。

（六）创造更多的机会

多付出一点点是消除对贫穷、匮乏和失败的恐惧，以及打败众多竞争者的有效方法。只要你能做到多付出一点点，你就能成为一个强者，成为一个不可缺少的人物。当你成为不可缺少的人物时，你不但能保住现有的工作，而且还有多种机会选择工作，这或许意味着升迁、调换工作或挑选客户等。因为你能加倍努力付出，所以你将可能得到许多人难以抓住的机会，这就是所谓的"强者能够创造机会，弱者只能等待机会"。

（七）获得更高的报酬

如果你能坚持多付出一点点，并且你的付出总是比别人为你做的更多，则人们终究会给你更多的回报。如果你能为周围的人提供更多、更好的服务，顾客必定会指名道姓找你，而你的老板也必将视你为不可缺少的人物。在今天这种充满竞争、优胜劣汰的社会里，你必将会因为提供优良的服务而脱颖而出，并获得丰厚的报酬。这就是拿破仑·希尔所揭示的"报酬增加律"的具体体现。

为了帮助人们时时不忘多付出一点点，拿破仑·希尔专门设计了一个公式。

$$Q1+Q2+MA=C$$

其中，Q1 表示服务品质（Quality）；Q2 表示服务量（Quantity）；MA 表示提供服务的心态（Mental Attitude）；C 表示报酬（Compensation）。

这里所谓的报酬，是指所有进入你生命中的东西，如金钱、晋升、欢乐、人际关系的和谐、精神上的启迪、信心、开放的心胸、耐性、身心健康、荣誉、社会地位，或其他你认为值得追求的东西。

（八）克服拖延习惯

当你以渴望而且欢愉的心情做事时，就不会延误做事的时机。那些著名的成功人士在工作中之所以能达到废寝忘食的状态，是因为他们对自己的工作有一份渴望。当你认为需要行动时就立即行动，便可以自然而然地克服拖延的习惯。实际上，多付出一点点的本质就是行动，而且是立即行动、持续行动。

多付出一点点的本质是行动

多付出一点点的本质是行动，而且是立即行动、持续行动。因为没有行动，就没有一切。只有坚持不懈地行动，才能一步一步实现目标，取得成功。

当你研究"人"（包括成功人士和平庸之辈）时，就会发现：成功的人都很主动，我们称他们为"积极主动的人"；那些庸庸碌碌的普通人都很被动，我们称他们为"被动的人"。积极主动的人都是不断做事的人，而且是立即去做，直到完成任务、实现目标为止；被动的人都是不做事的人，他会找借口拖延，直到最后证明这件事"不应该做""没有能力去做"或"已经来不及做了"为止。

显然，我们应该做一个积极主动的人，养成立即行动的好习惯。如果你时时想到立即就做，就会完成许多事情；如果你常常想将来有一天或将来什么时候再做，那必将一事无成。

为了养成多付出一点点并立即行动的好习惯，我们应牢记并实践拿破仑·希尔的如下教导：

（1）做一个主动的人。要勇于实践，做一个真正在做事的人，不要做一个不做事的人。

（2）不要等到万事俱备以后才去做，因为世上永远没有绝对完美的事。

要预想到将来一定会有困难，而一旦发生，就立刻解决。

（3）创意本身不能带来成功，只有付诸实施时才有价值。

（4）行动可以克服恐惧，同时会增强你的自信。怕什么就去做什么，你的恐惧自然会立刻消失。你试试看就明白了。

（5）要推动你的精神去做事，而不要坐等精神来推动你去做事。主动一点，自然就会精神百倍。

（6）时时想到"明天""下礼拜""将来"之类的字眼与"永远不可能做到"的意义相同，要变成"我现在就去做"的那种人。

（7）立刻开始工作。不要把时间浪费在无谓的准备工作上，要立刻开始行动才好。

（8）态度要主动积极，做一个改革者。要自告奋勇去改变现状，主动承担义务工作，向大家证明你有成功的雄心和能力。

总之，凡事要多付出一点点，要立即行动，则成功一定非你莫属。

成功实例

（一）袁隆平：从乡村教师到"杂交水稻之父"

袁隆平，1953年毕业于西南农学院，被分配到湖南安江农校任教。1964年开始杂交水稻研究，1971年调入湖南省农业科学院，1978年晋升为研究员，1995年当选为中国工程院院士。袁隆平的籼型杂交水稻研究成果获我国特等发明奖；湖南省委、省政府授予袁隆平"功勋科学家"称号；我国发现的国际编号为8117的小行星被命名为"袁隆平星"；他先后荣获联合国教科文组织科学奖和联合国粮农组织粮食安全保障荣誉奖等国际奖项；2001年，获得首届国家最高科技奖。

1953年8月，袁隆平从西南农学院（现西南大学）农学系毕业后，服从全国统一分配，到湖南省怀化地区的安江农校任教。1960年，30岁的袁隆平根据一些报道，了解到杂交高粱、杂交玉米、无籽西瓜等都已广泛应用于国外生产中，于是开始进行水稻的有性杂交试验。7月，他在安江农校实习农场早稻田中发现了"鹤立鸡群"的特异稻株。1961年春天，他把这株变异稻株的种子播到创业试验田里，结果证明该稻株是"天然杂交稻"。面对当时的严重饥荒，他立志用农业科学技术击败饥饿威胁，从事水稻雄性不育试验。

第四篇　强化成功的推进器

1965—1973年，历经了困难重重的"过五关"（提高雄性不育率关、三系配套关、育性稳定关、杂交优势关、繁殖制种关），袁隆平在1974年配制种子成功，并组织了优势鉴定。

1975年，在湖南省委、省政府的支持下，获得了大面积制种的成功，为次年大面积推广做好了准备。

1975年冬，国务院做出了迅速扩大试种和大量推广杂交水稻的决定，国家投入了大量人力、物力、财力，一年三代地进行繁殖制种，以最快的速度推广。1976年定点示范208万亩，到1988年全国杂交水稻面积1.94亿亩，占水稻面积的3.96%，而占水稻总产量的18.5%，取得了巨大的经济效益和社会效益。1981年6月6日，袁隆平和籼型杂交水稻获中国第一个特等发明奖。1982年8月26日，袁隆平被聘为农牧渔业部技术顾问、全国杂交水稻专家顾问组副组长。是年，袁隆平被国际同行誉为"杂交水稻之父"。

随着杂交水稻在世界各国试验试种，杂交水稻已引起世界范围的关注。袁隆平先后应邀到菲律宾、美国、日本、法国、英国、意大利、埃及、澳大利亚等国家讲学、传授技术、参加学术会议或进行技术合作研究等。国际友人称颂袁隆平培育的杂交水稻是中国继指南针、火药、造纸、活字印刷之后，对人类做出的"第五大贡献"。

中央电视台"感动中国2004年度人物"颁奖礼上，袁隆平的颁奖词为："他是一位真正的耕耘者。当他还是一个乡村教师的时候，已经具有颠覆世界权威的胆识；当他名满天下的时候，却仍然只是专注于田畴。淡泊名利，一介农夫，播撒智慧，收获富足。他毕生的梦想，就是让所有人远离饥饿。喜看稻菽千重浪，最是风流袁隆平！"

袁隆平已经80多岁，但仍是一头乌发，依然步履稳健，思维敏捷。他戏言，自己也是个"80后"。他常对人说："我现在是80多岁的年龄，60多岁的身体，40多岁的心态，30多岁的肌肉弹性。"袁隆平笑谈自己的"年轻秘诀"有三条：一是心态好，性格乐观开朗，不为小事斤斤计较。二是生活有规律，坚持体育锻炼。袁隆平热爱工作，热爱田野，常年坚持下田。另外，他夏天坚持游泳，冬天坚持打球。三是饮食清淡。他日常饮食以素食为主，荤菜吃得不多。他说："我的身体90岁之前还能在一线干活。"

袁隆平不畏艰难，甘于奉献，呕心沥血，苦苦追求，为解决中国人的吃饭问题做出了重大贡献。国际水稻研究所所长、印度农业部前部长斯瓦米纳森博士高度评价说："我们把袁隆平先生称为'杂交水稻之父'，因为他的成就不仅是中国的骄傲，也是世界的骄傲，他的成就给人类带来了福音。"

资料来源：陈国华，于巍. 杂交水稻 老顽童的创新马拉松[N]. 北京青年报，2009-09-04.

（二）杨元庆：从销售员到董事长

杨元庆，生于安徽合肥，1982年毕业于合肥一中，1986年毕业于上海交通大学，1989年在中国科学技术大学取得计算机专业硕士学位，同年进入联想集团工作，首先是当电脑销售员。

1988年，24岁的杨元庆在中国科学院的自动化研究所一边写作他的毕业论文，一边构思他的未来。他为自己确定的人生目标是，到美国拿一个博士学位，然后到大名鼎鼎的硅谷找一份工作。他的好多同学都在硅谷扎了根，这让他非常羡慕。杨元庆后来回忆说："80年代末期，一个名牌大学的理工生如果选择待在国内，那会被认为是没有出息的。""交大有三分之二的同学在国外，硅谷的同学比北京多得多。科大更不用说，还没毕业，教室里就人去楼空。"他相信，从自动化研究所到美国硅谷的距离并不远，坐飞机也就十几个小时。然而，当务之急是先找一份工作，一方面自己需要实践经验，需要历练；另一方面要挣钱吃饱肚子，准备留学资金，而且自己的专业特别是英语还需要加强。总而言之，他需要寻找一块跳板，并且首先想到了中关村。1988年，中关村已经被确定为高科技园区，被称为"中国的硅谷"。

他最先想到的单位是联想公司，因为他此前不久看到了这家名气越来越响的高科技公司的招聘启事。他根据启事上公布的地址，找到了联想公司的办公楼。在二楼的一个办公室里，主考官对他进行了面试。虽然他的口才并不是很好，但他的回答还是让主考官比较满意。半个小时的初试之后，还有复试。当他知道自己已被录取时，心里很高兴，但也不是那种狂喜，因为他只是将联想作为跳板，他心里想着的是美国硅谷。后来他才知道，1988年联想从来自全国的500个应聘者中公开招聘了58名员工，杨元庆只是其中之一。

当然，这也是一件值得庆祝的事，毕竟距离美国硅谷又近了一步，何况联想是国内知名的高科技公司，与自己的专业对口，自己所学有了用武之地。但当公司宣布他的工作岗位时，他心里凉了一下。公司给他的职位是销售业

资料来源：李明军. 联想少帅杨元庆［M］. 北京：中国商业出版社，2007.

（三）"门业教父"夏明宪的传奇

夏明宪的人生经历充满了传奇：多年前，他"一不小心"闯进防盗门产业，并专心致志在这个产业干到现在。在他的身上，突出体现了一种持之以恒、多付出一点点的精神。

从"铁棍门"起步

1988年，当全民经商浪潮席卷神州大地的时候，在重庆轮船公司做水手的夏明宪也涌出一股经商的冲动，下海做起了小生意。

夏明宪的小生意是从一间小五金店做起的。进入1989年春天，夏明宪发现，到店里来买水管弯头的人突然多了起来。"这么多人要水管弯头干什么？"一打听，原来是买去做铁门的。随着生活水平的提高，不少家庭都添置了几大件，为了防盗，人们开始在家里原有的木板门外面加装一道栅栏似的铁门。再仔细打听，真正能够自己动手制作铁门的家庭极少，一般都是备齐材料后四处托人，或花钱请人来完成烧焊这道重要工序。夏明宪凭直觉感到，这时候自己来做成品门出售，生意显然会比卖小五金好。

夏明宪找来五个帮手，在重庆下半城储奇门河边一个备战备荒时代遗留下来的防空洞里，开始鼓捣"铁棍门"。"当时的工具就是两支焊枪、四只铁锤、几把老虎钳和手摇钻，所有的材料都用板车拉。"六个人花了一个星期，制成了20多扇"铁棍门"。由于没有任何样本可以借鉴，夏明宪的"处女作"实在够丑的。但那是一个商品极度短缺的特殊年代，20多扇门摆进五金店，几天就销售一空。夏明宪至今还清楚地记得当时一扇门卖158元，除去各项成本，每扇门净赚60~70元，一共赚了1500多元。据说，那是国内最早作为商品出售的防盗门。

首战告捷，夏明宪备受鼓舞，随即将赚来的钱全部投入再生产。第二次，他做了50多扇，第三次做了100多扇……这一年，夏明宪成立了美心防盗门厂，成为国内第一个开发并批量生产防盗门的专业厂家。到20世纪90年代中期，美心已经有了上亿的规模，这时海南房地产正热得发烫，"当时坐井观天，头脑膨胀，以为自己无所不能，差一点到海南圈地"，但夏明宪最终还是冷静下来。他说："到目前为止，我的经商经历中有两件事情最值得庆幸，一是选择了防盗门这个行业，二是当时没有去海南搞房地产。"

从"铁棍门""豪华门"到"安全门"

由于夏明宪做"铁棍门"赚了不少钱,所以市场跟随者接踵而至,光是重庆,几年间就冒出了好多家。不过连这些跟随者也不得不承认:"夏明宪总是能领先我们一步。"

当简陋的"铁棍门"在市场上大行其道的时候,一般人想的都是只要把门做得坚实牢固就足够了,但夏明宪却打起了"豪华门"的主意。他模仿老式公园的雕花大门,在"铁棍门"上玩起了造型,用生硬的铁棍做了六朵花。就凭这六朵花,夏明宪最早的一批"豪华门"的售价就比普通"铁棍门"高出了整整40元。随着家庭装修的兴起,简陋的"铁棍门"越来越显得不合时宜,人们开始追求更美观、更安全的防盗门,夏明宪又第一个推出了封闭式防盗门。

封闭式防盗门一下子打开了一个更为巨大的市场,更多的跟随者蜂拥而至。夏明宪开始思考更深层次的问题:家庭防盗问题解决后,防盗门行业还能生存吗?最初稚拙的六朵铁棍花此时在夏明宪的脑子里开始变得枝繁叶茂——"我不希望人们把门业仅仅想象成钢铁加焊枪,美心要把冰冷的钢铁变成栩栩如生的门庭艺术。"

夏明宪提出了"安全门"的概念,以此为目标开发了一系列产品。从2000年下半年开始,美心开始利用成熟的防盗门技术,在国内首推钢质室内门和防火(防盗)门,使一个市场变三个市场,市场增长前景骤然被放大了两倍。

到2000年底,美心的销售额突破10亿元,全国门业市场占有率达到20%,远远超过国内大大小小3000多家同类企业。

目标:世界最大的门业基地

这样的成绩并不能让夏明宪停下脚步,他开始把目光投向世界门业市场。夏明宪发现,世界上还没有一家像可口可乐、麦当劳一样的大型门类企业跨国公司,这让夏明宪有了更大的野心。1997年11月,美心门业超市在纽约开张,夏明宪举起酒杯,向来自美国各地的经销商掷下豪言:"美心公司今天的规模将迅速成为回忆,我们有能力在三年内成长为世界门王。"

美心公司还有一间鲜为人知的"密室",里面摆放着多年来夏明宪耗资千万元从世界各地收集来的数千款防盗门和装饰门。这个"万国门馆"实际就是美心的设计中心,设计人员通过观摩研究,实现创造与超越,几年里,数百种规格、款式的防盗门从这里出炉。美心人说："知己知彼，百战不殆，这也是美心门进入国际市场的一大法宝。"夏明宪说："美心的目标，是世界最大的门业基地。"

门业新锐的海外扩张之道

2000年11月，在100多家媒体镁光灯的闪烁中，一间约100平方米的门业超市在纽约隆重开业，"美心集团进军纽约"的消息传遍世界。

当时，东京某报纸告诫日本企业界："中国制造业的全球扩张，已经超越了小件低档烂价的竞争水平，登上了世界级的大雅之堂。"

这是重庆美心，一个门业品牌帝国，大声向世界表达自我的开始。

为什么要在纽约时代广场开店？因为时代广场是世界商业贸易的中心，如果美心产品得到了美国的认可，也会得到其他国家的认可。

在2002年广交会上，美心集团遇到了一个热情的合作者——Dariush Yashar。Yashar是看到时代广场的专卖店后跑过来的。经过四次沟通，Yashar在洛杉矶开设了DKS公司，代理销售美心商务门，DKS成为第一个把中国门引入美国的美国企业。

针对美国顾客的不同需求，美心集团一口气推出了近20种商务门。DKS不仅在洛杉矶有基地，还在得克萨斯州和宾夕法尼亚州设有仓库、厂房。

"在美国推销中国门是一个非常困难的工作。我们花了三至四年时间，让市场证明了美心门的优秀品质。很多美国顾客觉得，美心门的质量可以媲美美国门。"Yashar表示。

在美国站稳脚跟，标志着美心集团的生产、物流等环节都从"中国模式"转变为"世界模式"。接下来，美心把在美国市场的营销手法复制到国内外自然是水到渠成。

资料来源：杜刚．夏明宪：从门业教父走向门业帝国之父[J]．市场营销案例，2004（3）．

第十讲

善于从挫折和逆境中学习

成功箴言

当你遇到挫折时，切勿浪费时间计算你遭受了多少损失；相反地，你应该算算看你从挫折当中可以得到多少收获和资产。你将会发现你所得到的，会比你失去的要多得多。失败可以是一块踏脚石，也可以是一块绊脚石。这取决于你的态度是积极的还是消极的。对于那些有积极心态的人来说，每一种逆境都含有等量或更大利益的种子。有时，那些似乎是逆境的东西，其实是伪装的好机会。

——拿破仑·希尔

原理与指南

在人生的旅途中，不管你取得何种成就，其道路都不可能是一帆风顺的，而必定是艰难曲折、挫折不断、屡陷逆境、障碍重重的。挫折和逆境，既可能是你前进的绊脚石，也可能是你取得成功的台阶或跳板，而最终结果如何，完全视你的心态和你与它们之间的关系而定。所以，能否正确对待挫折和逆境，是你能否取得成功的一个很关键的因素。

挫折不等于失败

在日常生活中，人们常常将暂时性的挫折误认为是失败，从而产生许多不必要的悲伤与困扰。"发明大王"爱迪生发明电灯的实践，就是说明失败与挫折之间差别的最好例子。当年一位年轻记者问他："爱迪生先生，你目前的发明曾失败过一万次，你对此有何感想？"爱迪生回答说："年轻人，因为你人生的旅程才起步，所以我告诉你一个对你未来很有帮助的启示。我并没有失败过一万次，只是发现了一万种行不通的方法。"

一般人在碰到第一次或者几次挫折后就认为失败了，于是就会放弃，结果就是彻底失败；而爱迪生却认为一万多次的挫折并不是失败，因而继续坚持实验，最后获得了成功。可见，由于对挫折的看法不同，导致的结果也完全不同。

拿破仑·希尔的一个朋友是非常有名的管理顾问，但创业之初的前六个月就把十年的积蓄用得一干二净，一连几个月都以办公室为家。他曾婉言谢绝过无数的好工作，因为他坚持要实现自己的理想。他也被顾客拒绝过上百次，拒绝他的顾客和欢迎他的顾客几乎一样多。就这样，他艰苦挣扎了七年多，但从没听他说过一句怨言。

有一次，拿破仑·希尔问他："把你折磨得疲惫不堪了吧？"他却说："没有呀，我还在学习啊！这是一种无形的、捉摸不定的生意，竞争很激烈，实在不好做。但不管怎样，我还是要继续学下去。我并不觉得很辛苦，反而觉得是受用无穷的经验。"后来，他真的做到了，而且做得轰轰烈烈，成就非凡。

古今中外，那些功业千秋的伟人都受过一连串的无情打击。只是因为他们都能坚持到底，才终于获得了巨大成功。

在无数成功者的词典里，只有"挫折""奋斗"和"成功"这些词，而没有"失败"这个词。在他们眼中，再多的挫折也不等于失败，而是奔向成功巅峰的台阶或跳板。在挫折面前，他们从不低头、从不忧郁，而是目标明确，坚持奋斗，直到最后取得成功。

挫折是一种幸福

拿破仑·希尔说："这种暂时性的挫折实际上就是一种幸福，因为它会使我们振作起来，调整我们的努力方向，使我们向着不同的但更美好的方向前进。"

挫折是无穷智慧与我们沟通，并指出我们犯的错误所使用的特殊语言。这些语言直来直去，严酷无情。犹如我们正在满怀热情、雄心勃勃地朝着某

第四篇 强化成功的推进器

敬的口吻询问这位服务员。"我在许多学校接受过教育，阁下。"年轻的服务员回答说，"但是，我在其中学习时间最长，并且学到东西最多的那所学校叫作'逆境'。"这个服务员的名字就叫让·雅克·卢梭。

早年贫寒交迫的苦难生活，使卢梭有机会接触社会的最底层，成为一个对完整的生活有着深刻认识的人。尽管他此时只是一个地位卑微的服务员，但后来他那闪烁着人类智慧火花的著作，使他成了那个时代和整个法国最伟大的天才，他的名字和思想就像黑夜里的闪电一样照亮了整个欧洲，并传遍全世界。

像卢梭这样在逆境这所学校里学习并取得成功的人士有很多。请看以下事例：

托马斯·爱迪生是铁路上的一个报童，只上过3个月小学，15岁时开始涉猎化学领域，在火车上秘密搞了一个流动实验室。一天，当他正在从事一些秘密实验时，火车突然拐了一个大弯，结果，装有硫磺酸的瓶子破裂了。一股怪异的气味随即飘散开来，同时还发生了一系列复杂的化学反应。身受其害并忍无可忍的列车长狠狠地打了爱迪生一个耳光，并立即把他驱逐了出去，从此爱迪生就成了聋人。然而，他并没有灰心，而是克服困难，刻苦钻研，继续搞他的实验，最终拥有了1000多项专利，成了世界科学园地里最辉煌璀璨的一颗明珠，成为人们交口称赞的"发明大王"。

伽利略也是一个典型的例子。出于对世俗中金钱和地位的追求，伽利略的父母逼迫他上医学院。然而，伽利略酷爱物理学和天文学。有多少个夜晚，当整个威尼斯都在沉睡之时，他一个人在圣马克教堂的塔楼上，通过自制的望远镜观察着木星和金星的相位。后来，他终于有了伟大的发现，但他提出的"日心说"理论（即地球围绕着太阳运转的理论）在当时被认为是异端邪说。因此，他被迫弯曲双膝在公众面前接受指责，宗教裁判所又对他施行令人发指的折磨。即使在这样残酷的迫害下，伽利略也没有低下高贵的头颅，仍不停地喃喃自语："不管怎么样，它的确是绕着太阳转的。"在被投入监狱之后，他还利用单人牢房里的一根麦秆，证实了一个中间空的管子比一根实心的棒子要更为坚固。即便是在他晚年双目失明之后，他仍然没有放下手中的工作。

在中国，也有许多逆境之中出奇迹、厄运之中造英雄的例子。仅举几例：

司马迁，虽然在官场上受到迫害，并惨遭宫刑，但依然发奋撰史，终于写出了不朽的伟大史书《史记》。

曹雪芹，虽然家境败落，生活贫穷，但却写出了我国四大名著之一《红楼梦》。

李嘉诚，14岁丧父，被迫辍学，当学徒、店员，挑起家庭生活的重担，以后又经营企业，竟成了"华人首富"。

吴士宏，仅有初中文凭，患过白血病，后立志成功，发奋自学，结果从一名护士飞跃到IBM、微软、TCL高层领导职务，被尊称为中国的"打工皇后"。

宗庆后，从16岁开始在农场干活15年，42岁时还推着小车沿街卖冰棒，15年后竟缔造了娃哈哈集团。

综上可见，促使上述成功人士成功的原因在于他们持之以恒的努力、坚忍不拔的意志、正直无私的心灵和诚信高尚的人格。正是这些因素促使他们从逆境中、从生命的低谷里、从心理的低潮中顽强崛起，并屹立于人间。

一位英国作家在看了一本关于美国杰出人物的传记之后发出这样的感慨："似乎美国所有的伟大人物都诞生在狭小简陋的小茅屋中。"例如，林肯、洛克菲勒、爱迪生等都是出生在穷苦的农村，但他们在幼年期间奠定了智慧、品格和体力的基础，后来都成了社会上的名人或领袖。

另一位作家温盖特也感慨地说："这是个很奇怪的现象：偌大一个纽约市竟出不了几个名人！如今居住在纽约的名人当中，竟有90%以上都是从农村来的。这种情况不只是纽约如此，像伦敦、巴黎、柏林这样的大城市，也是如此，可见在农村长大的人在许多方面要比在都市中长大的人出色！"

那么，逆境为什么能促使人走向成功呢？因为在我们的天性中有一种神秘的力量。这种力量是我们难以形容、难以解释的，它似乎不在我们普通的感官中，而隐藏在我们的心灵深处。除非遭到巨大的打击和刺激，否则这种力量是永远不会暴露出来的。一个人如果不经受挫折和逆境的考验，也许只会发掘出25%的才能，但一旦受到险境、饥饿、讥讽、凌辱、欺诈等针刺般的刺激以后，他才会把其他75%的才能也开发出来，做到从前所做不到的事。可见，处在绝望境地的奋斗最能激发人潜伏着的内在力量，推动人取得在一般情况下难以取得的成就。所以，逆境是最好的学校。

如何对待挫折与逆境

人生有两项重要的事实非常明显：第一，每个人都会遇到挫折或逆境；

第二，逆境中总有成功的契机，但是你必须自己去发掘。幸运总是戴着伪装的面具，每一次的挫折和逆境都隐藏着成功的契机。

有一位智者曾经说过，你不可能遇到一个从来没有遭受过挫折或逆境的人。同时，人们的成就高低，常常与他们遭遇挫折和逆境的程度成正比。

面对挫折和逆境，最重要的就是所持的心态，这是能否把挫折和逆境转化为成功契机的决定性因素。如果你把挫折看成是失败，把逆境看成是地狱，把二者看成是重大的损失，那你肯定会失败；如果你把挫折看成是通往成功的台阶或跳板，把逆境看成是最好的学校和老师，把二者看成是最宝贵的财富，那你肯定会获得成功。总之要记住：积极的心态会使你从挫折和逆境中走向成功。

成功实例

（一）吴一坚："苦难是最好的老师"

1960年12月10日，吴一坚出生在西安纺织城职工医院。刚满月，他就被接到山西省永济县（现为永济市）西太平村的奶奶家抚养。奶奶家的石榴树下拴着一只母羊，他只要一看见那只羊，便高兴地直喊"羊妈妈"，因为他就是喝那只羊的奶长大的。满三周岁后，他又被送回西安父母的身边。他再次回到老家是1967年的暑假，他的爷爷因地主出身而被批斗折磨致死。然而，祸不单行，接着他的父亲——西安市灞桥区的一名普通干部，又受到冲击，以莫须有的罪名被抓了起来，关在一间黑屋子里。屋子门口有人站岗守卫，好像一座临时监狱。

长大后，吴一坚当过兵，做过工厂里的普通工人。1984年，他毅然辞去西安一家工厂的工作，怀揣600元只身到广州打工。1985年，他离开广州，来到海南发展，成为海南的第一批弄潮儿。

经过周密的调查，他开始着手筹建一个年产20万台电视机的公司。一个年仅27岁的北方小伙子搞这样大的工程，在当时被认为是骗子或者神经病。然而，这正是吴一坚不同于他人之处。他了解了当时整个中国市场电视机紧俏和海南刚刚起步的特点。他认为，一个人要善于了解周围的一切，这样才能调动周围的一切有利因素。用100元去赚1元叫赚钱，用1元去赚100元也叫赚钱，但这两种赚钱的方式是截然不同的。所谓经营，就要讲求以最快的速度、最小的投入换取高速度与高效益。于是，他以"经营25年之后，厂房设备拱手让出"的方式圈地，又以"预交3%质量保证金"的方式将厂房建设工程承包出去，以"生产以后80%的电子元件由香港一家公司供给"的许诺，令其先投资。为了联系全国大电子经销商，他每天都在谈判，渴了喝一瓶汽水，饿了吃一块面包，到了晚上商店关门，他就只好饿肚子，常常饿得没办法了，只好拼命喝水。有几次，皮鞋跑开了帮，但因时间仓促，他用鞋带一绑竟又凑合了一个礼拜。全国各大电子经销企业为吴一坚的真诚和执着所感动，纷纷交足预订款，提前预订10个月以后的产品，求人的事就这样变成了被人求的事。

外部环境理顺以后，吴一坚一头扎进了工地。由于工资未能及时支付，导致工人们怠工，所以他一个个地去解释，把自己身上所有的钱发给工人。身上没有了钱便没办法吃饭，只好每天蒸点米饭充饥，一连十多天没吃菜。工人们知道后，许多人流下了感动的眼泪。吴一坚的真诚使工人们与他同甘苦、共患难，并最终以超常的速度建成了一座大型的工厂。

那年春节前，工厂170万元的货发出去以后，对方未能按合同及时结算，而公司的职员们都等着拿钱回家过年。吴一坚为了让职员们能过好年，四处问朋友借钱，并取出自己所有的存款，及时地发给职员。腊月二十七，职工们都走完了，他却不能回去。当时他的身上只剩下50元钱，这50元钱要度过15个日日夜夜，而他的困难又不能告诉家人，害怕给他们增添不必要的担忧。为了省钱，他买了100个馒头，整整吃了15天。放假归来的工人们见到他时，以为他得了病。

第一批电视机就这样在海南这块炙热的土地上生产出来了，所用时间满打满算只有10个月。投产后，公司资产由他怀揣的600元变成了3亿元（包括地价）。

吴一坚常说："我用自己的经历悟出了'苦难是最好的老师'这个道理。苦难能使人学到很多有用的东西，得到真正的锻炼，人往往越是困难的时候意志越坚强，奋斗的目标也越清晰。一个创业者大凡在起步阶段都需要从最简单的工作做起，甚至当搬运工。打个比喻，人就好像那成堆的湿煤，磨难就像那摇篮，颠颠摇摇才能成煤球儿，才能燃烧。有句话说得很有道理，今天的苦难很可能就是明天的辉煌，只要你愿意努力，总会有所成就。人生的机遇，是在自己苦苦奋斗中争取来的。"这也许就是吴一坚能在千百万下海赶潮人中成为佼佼者的原因。

资料来源：党宁．中国富豪谈发家史［M］．哈尔滨：哈尔滨出版社，2004．

（二）俞敏洪：失败是我人生的新起点

在互联网经济崛起之前，准确地说，应该在马云成功之前，中国的创业者中再没有谁的经历能像俞敏洪那样鼓舞人心了。

俞敏洪有很多头衔，如英语教学与管理专家、新东方教育集团董事长、洪泰基金联合创始人、中国青年企业家协会副会长、中华全国青年联合会委员等，此外人们也喜欢称呼他为"留学教父"或青少年的"人生导师"。

但他又与那些虚假夸大自己人生经历、到处兜售心灵鸡汤的所谓导师们有所区别，因为农家子弟出身的他在创业之前其实充满了挫折与失落，不过俞敏洪自信地说，没有那些失败，就没有今天的他。

农村生活18年，得过江阴插秧冠军和优秀手扶拖拉机手

自俞敏洪创办新东方以来，在全国各地的很多大学、中学都曾出现过他的身影，他用幽默轻松的语言，将他的故事娓娓道来。

尽管做过那么多次演讲，但是这些演讲却并不完全是重复。他演讲的题目有时叫《相信未来》，有时叫《相信奋斗的力量》《内心的渴望要结合行动力》，有时还会更长一些，如《坚持下去不是因为我很坚强，而是因为我别无选择》。不管是什么主题，传递的都是一种正能量。

18岁以前，俞敏洪都是在江阴农村度过的，他调侃自己那些年里只去过两个大城市，一个是上海，另一个便是无锡。

俞敏洪说，小时候有两件事令他记忆犹新，一件事是农村小学房舍简陋，教室四面透风，坐在里面感受到的温度和坐在教室外面几乎没什么差别，写字的时候，手连笔都握不住；另一件事是每天晚上睡觉前都要犹豫好几分钟才能下定决心，因为被窝实在太凉了。

"小时候的艰苦对一生都有帮助，我现在什么苦都吃得了。"俞敏洪说。在正常情况下，他一天16个小时用于工作，6个小时用于睡觉，还有2个小时，1个小时用来吃饭，1个小时用来锻炼身体。在他看来，成功并不是靠运气。

18岁以前，没有机会通过考试进入大学，俞敏洪只能通过劳动，争取获得推荐进入大学的机会。从小母亲便告诉他，作为农村孩子一定要多读书，最好能离开农村去做个老师。

他非常勤劳，以至于14岁的时候便获得全江阴水稻插秧冠军荣誉称号，

16岁的时候获得江阴优秀手扶拖拉机手荣誉称号。但是，就在他憧憬着自己的大学梦时，时代改变了他的奋斗轨迹。随着"文革"结束，中国社会开始逐步走上正轨，高考制度也正式恢复。这对于俞敏洪来说，有点措手不及。

难忘的三大"失败"，高考、北大求学与出国都曾经历挫折

俞敏洪只得复习功课准备高考。那时候，他高考的目标是考上原常熟师范学院，即现常熟理工学院。然而，他没有想到，后来竟然连续考了三年。

"当时选的是英语专业，选择这个专业的主要理由是不用考数学。"俞敏洪调侃自己第三年考上北京大学的时候，数学只考了4分。

俞敏洪能够坚持下去，与家人的支持和当时作为班主任的英语老师的鼓励不无关系。

那时，俞敏洪在一个由破庙改造成的中学里上学，全班虽有30多个同学，但没有一个人想参加高考，大家都觉得农村的孩子考也考不上。当时，他们的班主任是一位英语老师。这位老师是南京大学毕业的高才生，原来在南京翻译局工作，"文化大革命"期间被下放到农村教书。

有一天，班主任走进教室，让全班同学都去参加高考，同学们都说考不上。这位英语老师当时说了一段话："我要求全班同学参加高考，我知道一个都考不上，但是我还是要求你们参加高考。因为当你们高考完了，回到农村去干活儿的时候，当你们干得很累的时候，当你们拿着锄头仰天叹息的时候，当你们看着天上白云飘过的时候，你一定会记得你曾经为了改变自己的命运奋斗过一次，尽管这是一次失败的奋斗。"

这段话极大地震撼了俞敏洪，以至于几十年后，俞敏洪依然能一字不差地背出这段话。因为老师讲的这段话，他决定："第一我要考，第二我要考上，等我考上了，我要让老师知道他的预言是错的。"

第一年英语考了33分，原常熟师范学院的分数线是40分；第二年考了55分，录取分数线提高到了60分；第三年考了95分，他不敢相信自己超过了北大英语专业的分数线。高考的不顺利只是俞敏洪奋斗过程中遭遇的第一个"失败"。

到了北大之后的学习完全没有他想的那么如意。北大聚集着全国各地高考中的佼佼者，俞敏洪的学习成绩一直处于班里的倒数位置。成长于乡村的他，除了学习外，文艺、体育都不如其他同学，尽管他很努力，但在大学的表现一直到毕业都不甚理想。

更让他痛苦的是，大三那一年他患上肺结核，不得不在医院被隔离一年，"当时觉得什么希望都没有了"。

然而，俞敏洪经历过这些"失败"之后，彻底摆脱了与他人做比较的习惯，从此以后只与过去的自己做比较，力求超越自己。所以，在生病住院的一年里，他阅读了200多本书，记住了一万多个单词，坚实的知识储备成为他日后腾飞的翅膀。

除此之外，他的人生中还有一个"失败"，那便是没能出国。看着同学们都出国了，他也动心了。他想了很多办法，试图申请美国的大学以获得出国的机会，但由于各种原因，整整奋斗了三年却一无所获。

"没有去成美国，反而成为我人生的起点。"俞敏洪说。

做个好人，无论成功还是一生平凡都不能丢掉本色

俞敏洪还是最喜欢被人称为"俞老师"，他常常会思考的一个问题是：教育的本质是什么？

按照俞敏洪的理解，教育的内在精神就是激发人类对于真善美的渴望。真就是求真知，真求知；善就是拥有顽强的人格、积极的价值观，以及对众生的宽容。美在于什么？在于内心的喜悦，在于欣赏美和创造美的能力。

如今的新东方教育集团市值约50亿美元，拥有教职员工约3.5万名。学校在追求经济效益的同时，拿出一部分资金和人力常年去帮助社会上的弱势群体，在贫困地区建造学校。在俞敏洪看来，这些事情很重要，这是新东方的一份社会责任。

一直以来，无论事业发展得如何，俞敏洪都牢记自己的本色，做个好人。

其实这也是他成功的秘诀之一。俞敏洪曾在其他场合讲过，大学期间，他常年为宿舍同学义务劳动，如打水、清洁卫生，手头有点闲钱便请同学吃饭，最重要的是从来没有欺骗过同学。俞敏洪说："欺骗也许能够得一时之利，但是周围人发现之后将会永远远离你。"

俞敏洪称，当年他去美国请王强和徐小平回国发展时，他们愿意回来的一个重要原因便是，在大学期间俞敏洪从来没有欺骗过他们。

俞敏洪时常拿自己的长相开玩笑，戏称自己长相不英俊，个头也不高。幽默过后，他一再希望年轻人明白，一个人的外在永远不是最重要的，往往很多有所成就的人的长相都不出众，内在知识的积淀与修养的提升才是可贵的。

第十讲　善于从挫折和逆境中学习

他说，一个人有了对真善美的向往，才会有追求美好生活的能力，才会有在紧张的竞争中退一步海阔天空的能力。

资料来源：文扬. 俞敏洪：失败是我人生的新起点［EB/OL］. 无锡日报，2016-01-15.

第五篇

开动成功的创新机

　　争取成功有两种途径：一是常规途径，二是创新途径，或者叫"捷径"。要想取得成功，走常规途径较慢，走创新途径较快。要想尽快取得成功，就必须敢于创新，善于创新。而要走创新途径，就必须学会和运用三种技巧，即学会正确地思考、培养想象力和创造力、组织智囊团。

第十一讲
学会正确地思考

成功箴言

思考的力量是人类最大的力量，它能建立伟大的王国，也可使王国灭亡。所有的观念、计划、目的及欲望，都起源于思想。思想是所有能量的主宰，能够解决所有的问题。如果你不学习正确地思考，是绝对成就不了杰出的事情的。

——拿破仑·希尔

原理与指南

所有的计划、目标和成就都是思考的产物。你的思考能力，是你唯一能完全控制的东西。你可以用智慧或者愚蠢的方式运用你的思想，但无论你如何运用它，它都会显现出一定的力量。要想从你的思想中得到丰收，你必须付出努力和投入各项准备工作，这些工作的安排和执行，就是正确思考的结果。

运用正确思考的力量

只要你肯思考，就必定会产生一定的力量，而这种力量会因思考性质的不同而不同。正确地思考会产生积极的力量，例如，那些为科学进步、社会发展和人类生活水平不断提高而做出卓越贡献的伟大领袖、科学家、发明家、企业家、劳动模范等精英人物，他们之所以能产生远远超越一般人的力量，就在于他们能正确地思考。相反，错误地思考则会产生消极的甚至是破坏性的力量，例如，那些反科学、反进步、反人类的反动头子，各类战犯、罪犯等臭名昭著的人物，他们之所以会产生巨大的破坏性力量，就在于他们不能正确地思考。

希特勒曾被监禁在一所监狱里，就在他心情最恶劣的时候，他开始思索怎样才能改变自己的一生。过了不久，他在监狱里写了一本书，书中诚实地写出了他的目标——称霸欧洲，而且他使整个监狱的人都知道了他的目标。读了这本书后，有些人只是笑一笑，还有些人则认为这根本就是疯子写的东西。多年之后，这个"疯子"果然脚踩着半个欧洲，而另外半个欧洲则为了逃离他的铁爪，倾力与他战斗。希特勒的思考并非我们所谈论的正确思考，因而产生了巨大的破坏性力量，使数百万人陷入死亡和痛苦的深渊之中。

因此，当你运用你的思考能力时，首先应该记住：必须要正确地思考，决不能错误地思考。正确思考不单单对自己有利，更重要的是对整个社会有好处，这是一个人对全世界人民应尽的一项道德义务。没有正确地思考，是不会成就任何伟大的事情的。

正确思考的方法和步骤

正确思考是以下列两种推理方法作为基础的：

（1）归纳法。这是从部分导向全部、从特定事例导向一般事例以及从个人导向宇宙的推理过程，它以经验和实证作为基础，进而得出结论。

（2）演绎法。这是从一般原则导向个别事例、从全部导向部分的推理过程，它以一般性的逻辑假设作为基础，进而得出特定结论。

这两种推理法之间有很大的不同，但二者可以一起运用。在工作和生活中，我们很可能一不小心就做出错误的推理，进而得出错误的结论。因此，我们必须严格地要求推理的正确性，也就是严格地要求自己进行正确的思考，并审查推理结果，找出其中的错误。除了审查自己的思考过程之外，还可以运用这两种推理方式审查别人的思考结果是否正确。

为了成为一位正确的思考者，我们必须采取下列两个重要步骤：

（1）把事实与感觉、假设、未经证实的假说和谣言分开。

（2）将事实分成两个范畴：重要的事实和不重要的事实。

正确的思考者绝对不会道听途说，偏听偏信，而一定会去了解真正的事实，接受那些以事实或正确的假说为基础提出的意见。

正确思考面临的两大障碍

一个人要正确地思考，往往面临以下两个障碍：

第一，轻信，即没有证据或只凭很少的证据就相信。

这是人类的一大缺点。这个缺点使希特勒有机会把他的影响力发展到令人可怕的程度，不仅扩展到德国，而且扩展到世界其他国家和地区，进而使他很快占领了大半个欧洲。与此相反，正确思考者的脑子里永远有一个问号，他一定会质疑每一个人和每一件事，但这并不代表其缺乏信心，而恰恰是尊重事实的最佳表现。少数正确思考者之所以一直都被当作人类的希望，就在于他们扮演着先锋者的角色。如果你立志做一位正确的思考者，那么你必须是自己情绪的主人而非奴隶，你不应给任何人控制你思想的机会，你不能受家人、朋友或同事的影响而接受你本已拒绝的不正确的观念。

第二，怀疑，即不相信自己不了解的新事物。

这是人类的又一大缺点。这个缺点使人对任何新生事物都采取怀疑、抵制的态度，从而因循守旧，故步自封，永远处于新生事物的对立面，阻碍科学、技术、文化和社会向前发展。正因为人类有这一缺点，所以，当莱特兄弟宣布他们发明了一种会飞的机器（即飞机），并且邀请记者来看时，竟然没有人接受他们的邀请。当马可尼宣布他发明了一种不需要电线就可传递信息的方法（即无线电）时，他的亲属竟然把他送到精神病院去检查，怀疑他是否失去了正常人的理智。类似这些愚昧、荒唐的事例，在科学、技术和人类的发展史上并非罕见。

正确思考的目的，在于帮助你了解新观念或新事物，而不是阻止你对它们进行调查和研究，更不是让你对它们一味地加以怀疑和抵制。对于任何观念或事物，轻信固然是错误的，但怀疑一切、否定一切也是错误的。尤其是对那些新观念或新事物，在未调查清楚之前就采取鄙视甚至抵制的态度，只会使你丧失可能的成功机会，限制你的热忱、信心、想象力和创造力。

如何破除正确思考的障碍

要破除正确思考的障碍，有以下两种方法：

第一，对每项资料要多问几个"为什么"。

要成为一个正确的思考者，你必须仔细调查你所得到的每一项资料是否真实，你必须了解资料是否被抹黑、修改或夸大，为此，你需要对这些资料做一些检验。例如，当你读一本书时，你应提出如下问题：

（1）作者在本书所涉及的领域里是否具有公认的权威？

（2）作者除了传达正确的信息之外，是否还具有其他写作动机？如果有，是什么样的动机？

（3）作者与本书的主题是否有利害关系？

（4）作者是否具有健全的判断力，或者只是个狂热者？

（5）是否有办法调查作者的言论是否属实？

（6）作者的言论是否与常识及经验相符？

简单地说，就是在你接受任何人的言论之前，应该先寻找他发表此言论的动机，尤其要对狂热者的言论格外警惕。无论谁企图影响你，你都必须充分发挥你的判断力，并小心谨慎。如果言论显得不合理，或是与你的经验不符，你便应该做进一步的调查。

第二，对每个新观念或新事物要先问"是什么"，再问"为什么"。

例如，当你听到有人发明了会飞的机器时，你应该先问清楚这种机器"是什么"，接着再问它"为什么"会飞，这样你就会知道，这种机器之所以会在天上飞，是因为利用了空气的浮力和发电机的动力。这样一来，你就不会对新事物或新观念加以怀疑和抵制，相反，你将会成为它们的倡导者和推动者。

思考习惯的形成

人类思考习惯的形成源于以下两个方面：

（一）生理遗传

经过世代遗传的本性和特质会影响你的思考习惯，你可能是严肃的思考者（左脑思考者），抑或是不受拘束的思考者（右脑思考者）。前者强调的是严谨、详细，如数学家、理论家多属于这类；而后者强调的是自由、浪漫，如作家、诗人多属于这类。正确的思考可以修改、加强和引导这两种思考方式，因为每个人都具有这两种能力——可能其中一个较强而另一个较弱。

（二）社会影响

环境、教育和经验都属于社会刺激物，思考受到这些因素的影响最深。很多人都是因为受到外界的刺激才开始思考的，例如，大多数的人在加入政党、信仰宗教甚至买房、买车时，都不是以他们对目标的正确思考作为决定的依据，而往往是受他们周围其他人的影响。然而，正确的思考者则完全不同，他们会认真谨慎地对目标进行分析，自由决定取舍，并且从取舍的过程中获得更大的利益。

人们的思考习惯既受到生理遗传的影响，又受到社会环境的影响，一经形成，很难改变。但是，人们可以发挥主观能动性，对自己的思考习惯进行有意识的控制，使其朝着正确的方向发展。

成功实例

（一）汪海的成功奥秘

汪海，双星集团原党委书记兼总裁。在他的领导下，双星从一个濒临倒闭的鞋厂发展成为集鞋业、轮胎、服装、机械、热电等于一体的综合性特大型企业集团，产品远销世界 100 多个国家和地区，员工由 2000 多人发展为 6 万人，固定资产由不到 1000 万元增长到 55 亿元，年销售收入由 3000 万元增长到 100 亿元，出口创汇由 175 万美元增长到 1.5 亿美元。双星专业运动鞋、双星旅游鞋、双星皮鞋和双星轮胎荣获"中国名牌"，双星成为中国橡胶行业唯一同时拥有四个"中国名牌"的企业。汪海荣获了全国优秀企业家等中国企业家所能获得的几乎所有奖项。

2008 年，我国迎来了改革开放 30 周年。当时，国家新闻宣传部门决定，要找一位具有 30 年成功经历的优秀企业家，全面研究和总结这位企业家的成功奥秘，然后编著成书并出版发行。而当时具有 30 年成功经历的中国优秀企业家，只有双星集团总裁汪海一人。于是，由中国企业联合会、中国企业家协会执行副会长冯并负责，由中国企业报社总编辑张来民主抓，组建了一个由研究员、教授、总编辑、作家、博士和硕士等 25 位专家组成的"汪海成功奥秘研究编委会"，开展了调查研究工作。

编委会的专家到双星集团考察调研了三天，听取了汪海总裁的全面介绍，参观了双星集团的主要产品、主要车间和生产线，调阅了双星集团出版的主要著作、相关新闻报道汇编等资料，最后研究认定：汪海总裁成功的奥秘是汪海的思想，其载体是汪海的理论，即汪海的著作。

汪海常说："没有理论、没有思想的企业是没有希望的企业；没有理论、没有思想的骨干是没有希望的骨干；没有理论、没有思想的员工是没有希望的员工。如果没有好的思想理论，事业就没有方向，不但不能成功，甚至可能惨败。"

汪海在打造双星集团和双星品牌的实践中，创立了许多反映改革开放和市场经济客观规律的新理论，如"ABW论"、"市场论"、"规律论"、"猫论"、"三民论"（民族精神、民族品牌、民族企业家）、"矛盾论"、"三情论"（感情、热情、激情）、"三性论"（党性、人性、个性）、"三赢论"（企业发展要始终坚持利国、利企、利民的"三赢"）等。

资料来源：张秀玉. 汪海：中国著名的伟大企业家［J］. 中国CEO，2014（1）.

（二）"宗氏兵法"与"娃哈哈模式"

由于"文化大革命"，宗庆后从16岁起在浙江农场度过了15年，1979年返城后在一家校办工厂里工作，42岁时还奔走在杭州的街头卖冰棒。然而，15年后，他一手缔造了娃哈哈集团。2002年，娃哈哈集团销售收入达88亿元，净利润达12亿元。宗庆后因持有娃哈哈集团29.4%的股份，个人资产达到16.4亿元。在谈及自己的成功奥秘时，宗庆后非常平和地说："现代企业无神话，我们现在已经远离了靠一个点子、一次运作就能成功的时代，企业的竞争现在比的是综合实力、综合战略优势。在一个神话衰落的时代做企业，需要'非常道'和平常心。"

靠差异化战略奠基——从冰棒到娃哈哈

1979年，宗庆后回到杭州，为谋生计，每天拉着"黄鱼车"一个学校一个学校地推销课本、卖雪糕。在送货的过程中，宗庆后了解到很多孩子食欲不振、营养不良，家长们为此很是头痛。

"当时我感觉做儿童营养液应该有很大的市场。"47岁的宗庆后决定抓住这个机遇拼搏一把。

在不少人眼里，他是把自己逼上了"绝路"：放弃已经稳定的生活，决意独自开发新的营养液产品。面对众多朋友善意的劝说，宗庆后显得那样固执："你能理解一位47岁的中年人面对他一生中最后一次机遇的心情吗？"

1988年，宗庆后借款14万元，组织专家和科研人员，开发出了第一款专供儿童饮用的营养品——娃哈哈儿童营养液。

当年的娃哈哈还是一个校办工厂，只有3个人和50平方米的经营场地。那时候，中国已有3000多家保健品企业，市场上存在38种营养液，竞争环境相当残酷。调研人员的结论是市场饱和，应退出竞争。而宗庆后却决定从儿童营养液入手，开展差异化竞争，结果一炮打响。

"根据我们对市面上38种营养液的调查，发现它们都属于老少皆宜的营养液，产品功能的覆盖面广，细分不明确。中央'只生一个好'的计划生育政策，触发了我们开发儿童营养液的灵感。父母、爷爷、奶奶、外公、外婆争宠一个孩子，六个人围着一个转，'小宝贝'成了家庭的核心和主要经济支出的指挥棒。但同时儿童厌食、偏食的现象日益严重，已成了家长们最为头痛的问题。市面上虽有38种营养液，但没有一种是专门针对儿童的，并解决他们的'胃口'问题。

"基于此发现，我专程聘请了浙江医科大学营养系主任研究'儿童营养液'，为家长们解决儿童的'吃饭问题'。娃哈哈营养液推出后，马上受到了市场的欢迎，而'喝了娃哈哈，吃饭就是香'的广告歌更是家喻户晓，许多孩子对这句话能唱、能背，甚至改编成顺口溜。"

随着"喝了娃哈哈，吃饭就是香"的广告传遍神州，娃哈哈儿童营养液迅速走红。到第四年，娃哈哈销售收入已经达到4亿元，净利润7000多万元，娃哈哈收获了第一桶金。

靠兼并战略做大——"小鱼吃大鱼"

1991年，娃哈哈儿童营养液销量飞涨，市场呈供不应求之势。即便如此，宗庆后依然非常清醒："当时我感觉如果娃哈哈不扩大生产规模，将可能丢失市场机遇。但如果按照传统的发展思路，立项、征地、搞基建，在当时少说也得两三年时间，很可能会陷入厂房造好而产品却没有销路的困境。"

摆在宗庆后面前的有三条路：一是联营，二是租赁，三是有偿兼并。显然前面两条路是稳当的，而有偿兼并要冒相当大的风险，但宗庆后最终决定拿8000万元巨款，走第三条路。

他将扩张的目标瞄向了同处杭州的国营老厂——杭州罐头食品厂。当时的杭州罐头食品厂有2200多名职工，严重资不抵债，而此时的娃哈哈仅有140名员工和几百平方米的生产场地。

娃哈哈"小鱼吃大鱼"的举措在全国引起轰动。一开始，包括老娃哈哈厂的职工都对这一举措持反对态度。宗庆后最终力排众议，迅速盘活了杭州罐头食品厂的固定资产，利用其厂房和员工扩大生产，三个月将其扭亏为盈。第二年，该厂销售收入、利税增长了一倍多。

1991年的兼并，为娃哈哈后来的发展奠定了基础，也让宗庆后尝到了并购的甜头。之后，并购几乎成为娃哈哈异地扩张的主要手段。到2002年底，娃哈哈已在浙江以外的21个省、市建立了30个生产基地；2002年，娃哈哈共生产饮料323万吨，占全国饮料产量的16%。

从创品牌到多元化经营

娃哈哈从儿童领域向绿豆沙、八宝粥等大众消费品延伸的过程中，惹来不少非议。甚至有人认为，娃哈哈这样做破坏了儿童产品的纯正性与专业性，认为多元化经营是娃哈哈发展的一个误区。然而，娃哈哈最终还是以各个产品良好的销售指标打消了这种质疑。

"我觉得多元化经营是一个企业发展到一定时期时必然要走的一步棋。

"因为随着时间的变迁、竞争环境的恶化，行业的背景也会发生变化，平均利润缩水是迟早的事情。所以企业的资金流不断在不同领域里变化，才是寻求生存的好方法。中国饮料行业同质化的恶性竞争很严重，娃哈哈现在已经有足够的资金实力和技术实力进行新产品的开发，而不是停留于以往'在跟进的基础上创新'的竞争策略，打造全新概念的自主产品是娃哈哈将来的发展方向。

"我主要以三个标准来衡量企业是否进行多元化经营：一是根据企业的实际情况，看有没有需要搞；二是考虑自己的资金实力，可不可能搞；三是充分判断自身的综合实力，是否存在把项目持续搞下去的可能。"

关于娃哈哈未来的成长走向，58岁的宗庆后说："我们有十几亿的闲余资金，今后将把它们投向两个领域：一是食品、保健品、药品；二是做所有的儿童产品。"

要永远解决的问题——永远做到物美价廉

不少关注娃哈哈成长的营销大师指出，娃哈哈的网络体系要支撑下去，必须永远地解决三个问题：一是娃哈哈必须保证向经销商推出的产品是畅销的大众商品；二是长期为经销商提供一个合理的利润；三是娃哈哈必须具备强而有力的市场维护能力，不把市场管理和广告压力转嫁到经销商身上。

但宗庆后对此却有自己的观点：

"企业在发展的过程中会不断地遇到新问题，战术是暂时的，不是永久的。

"至于上述的三个观点，我有这样的看法：娃哈哈推出的产品都是紧贴大众的消费脉搏，我们的产品可能不是全面畅销，但很多的消费者都会知道娃哈哈这个企业，在全国还是有着很广泛的知名度。'长期为经销商提供一个合理的利润'这个问题，我们一直都在做，并且会永远地坚持下去，保证经销商有钱赚，他们才会销售我们的商品，营销网络才能搭建起来。厂家和经销商的关系就是鱼和水的关系，相互依存。娃哈哈在实际操作过程中，帮助了经销商很多东西，如仓库管理、公关促销等，从来不会出现把市场管理和广告压力转嫁到经销商身上的事情。

"我认为娃哈哈应该永远解决的问题只有一个：永远地做到物美价廉。只有物美价廉才能使厂家、经销商、消费者共同造就'三赢'的局面，也只有这样，食品行业的生态链才能健康地发展下去。"

资料来源：党宁. 中国富豪谈发家史 [M]. 哈尔滨：哈尔滨出版社，2004.

第十二讲

培养想象力和创造力

成功箴言

想象力是意志的行动，是一种挑战与冒险。想象力是灵魂的工作站，是达成个人成就的核动力。

——拿破仑·希尔

创造力是最珍贵的财富，如果你有这种能力，就能把握生活的最佳时机，从而缔造伟大的奇迹。

——拿破仑·希尔

原理与指南

人类最伟大的天赋就是思考能力，它使人类能够分析、比较、选择，并且能够想象、预见、创造和产生新的概念。想象是人类精神的一种活动、挑战和冒险，它是人类取得各种成就的关键，也是人类努力的最主要动力和通往人类心灵的秘密通道。

想象力的无穷威力

自有人类以来，特别是近百年以来，人类借助想象力，驾驭了许多大自然的力量，请看几例：

鸟可以在天空自由飞翔，人也想像鸟一样在天上飞。为了实现这一想象，莱特兄弟发明出了飞机。

野兽在地上奔跑如飞，人也想像野兽一样奔跑如飞。为了实现这一想象，汽车、摩托车、火车等各种交通工具就被创造出来。

鱼可以在水中自由游动，人也想像鱼一样在水中自由游动。为了实现这一想象，轮船、军舰、潜水艇便被创造出来。

可以说，近现代的各种发明和创造，如电话、电报、无线电、收音机、录音机、电视机、望远镜、雷达、照相机、复印机、放映机、计算机、互联网等，都是以想象力为前提的。时至今日，人类对想象力的运用还未发展到登峰造极的阶段。只要人类社会还在发展，人类的想象力就永远不可能达到顶点。

想象力可以分为两种形式：综合性的想象力和创造性的想象力。这两种想象力都可以通过你的创造力，改善你的生活和周围的环境。

爱迪生发明灯泡——综合性的想象力

综合性的想象力是指以一种新的方法重新组合一些已经被认同的观念、概念、计划或事实，再将它们运用到新的用途上。

爱迪生发明灯泡，就是一个关于综合性想象力的例子。他以别人已经证实的事实作为开始：一条金属线接触电之后会发热，最后还会发光，但问题却在于强烈的热度很快就把金属线烧断了，所以，光的寿命只有几分钟而已。

爱迪生在控制热度的过程中，曾经历过一万多次的尝试，而他最后所发现的方法是以一个其他人都不曾察觉到的普遍事实为根据的。他发现炭是经过木头燃烧，被土壤覆盖，并在土壤中闷烧，直到木头被烧焦后所得到的产物。由于土壤的覆盖，致使流向火的氧气量只够供其"闷烧"而不会使其"燃烧"，结果就形成了炭。

当爱迪生想到这个事实之后，便立刻有了对金属丝加热的念头，他把金属丝放在一个瓶子里，并抽出瓶中大部分的空气，他利用这种方法发明了第一个灯泡——寿命长达8个半小时。

沃尔伍兹创办"十美分连锁店"——创造性的想象力

创造性的想象力是一种"媒介"，又被称为"接收机组"。各种观念、主张、计划和思想会突然闪现在人的脑海中,这种闪现叫"创意""灵感"或"预感"。借由创造性的想象力这一媒介,可以及时接收各种"创意""灵感"或"预感",使人类有限的心灵直接与无穷的智慧沟通,把所有的新观念、新点子都传递给人类,并产生效用。经由这一媒介,你就会认识一些新概念和新事实,再随机应变,与另一些人的潜意识心灵相通,进而赚取财富,取得成功。

沃尔伍兹创办"十美分连锁店",就是一个关于创造性想象力的例子。沃尔伍兹原是一家五金行的店员,有一次,他的老板对堆积如山的卖不出去的过时商品抱怨不已。听着老板的抱怨,沃尔伍兹的心中突然产生了一个新的念头。

"我可以卖掉这些东西。"他说。经老板同意,他在店内摆了一张台子,把那些卖不掉的东西都拿出来,然后在每样东西上都标上十美分的售价,结果这些东西马上就销售一空。他的老板也尽可能找一些能放在这张台子上卖的东西,而凡是放在这张台子上的东西,也就成了这家店里销售最好的商品。

沃尔伍兹有信心将他的新点子应用在店内所有的商品上,但是他的老板却没有这个信心。后来,沃尔伍兹在全国建立起销售连锁店,并且为自己赚取了大笔财富。他的老板后悔道:"我拒绝他的建议时所说的每一个字,都使我失去一个赚到大约100万的机会。"

盖特的隔音室——创造力超越想象力

综合性的想象力来自经验和理性,而创造性的想象力来自对明确目标的追求。创造力对创造性想象力的依赖很深,但它却超越了创造性想象力。创造力以无穷智慧为基础,并可以借助第六感——通往智慧神殿之门,使人与无穷智慧自动自发地沟通。

关于创造力的最佳例子就是盖特的故事。盖特是与爱迪生同时代的发明家,但两人所运用的方法却有很大的不同。盖特是一位受过高等教育的科学家,他的专利数量达2000多项,比爱迪生还多一倍。

盖特以一种非常简单的过程来运用他的创造力。他会先进入一间隔音室,坐在一张放着纸和笔的桌子旁边并且把灯关掉,接着他便将注意力集中在一个特定的问题上,借助第六感,等着他的脑海里浮现出解决这个问题的方法。

有的时候他会很快就想到解决问题的方法,但有的时候必须等待一小时之久才会想到答案，偶尔也会有什么点子也想不出来的情况，还有几次他甚至想到一些他以前从没有想过的问题的解决方法。

盖特的创造力已经超越他的想象力，因为他已将他的创造力发展成可以随时使用的能力。也就是说，他可以借助第六感，与无穷智慧自动自发地沟通。虽然科学迄今还未发现产生第六感的器官在何处，但人类已确能借由肢体感官以外的源头，接收精确的信息，产生各种概念、点子、主张、计划和思想等，并将其付诸实施，转化为与它们相对应的实物或财富。

总之，想象力是根据已知的观念及事实，重新加以排列组合；而创造力则是利用第六感，与无穷智慧自由沟通，产生新的理念或事实。创造力所创造的是解决问题的方法，而不是解决不了问题的借口。只要你具备了创造力，就没有解决不了的问题，就没有实现不了的目标。

如何培养创造力

一个人创造力的强弱虽然与先天因素有关，但是现实的创造力则是经过后天的实践培养形成的。那么，如何培养创造力呢?

（一）必须有个人进取心

创造力肩负着造就人类文明的使命，它激发人们开拓各个领域，带给人们先进的思想、科学和机器，给人们提供享受更高生活水平的方式。创造力属于那些具有进取心的人，如果一个人没有进取心，他的创造力就发挥不出来，他的一生也就不会获得任何新东西。

（二）要有不计报酬的奉献精神

创造力的目标在于做到不可能做到的事情。它不受正常工作时间的限制，同时也与金钱报酬无关，甚至还得做出必要的牺牲。所以，培养创造力必须具有不计报酬的奉献精神。

（三）要有必胜的信念、坚强的意志和持久的毅力

培养创造力的关键是要相信一定能把事情做成。只有具有这种信念，才能使你的大脑积极运转，去寻求做成这件事的方法。同时，还要具有爱迪生那样的"坚持、坚持、再坚持"的坚强意志和持久毅力。

（四）要随时抓住创意或灵感

创意或灵感是思想的果实，但是，只有在及时抓住、适当管理并彻底实

施之后，它才有价值。所以，对于创意或灵感，要及时记录下来，还要定期复习，并不断地加以完善。创意或灵感积累得越多，人的创造力就越强。

（五）要掌握一定的技巧

创造力的具体体现就是善于构思出现实中还没有的新观念和新事物。因此，构思的技巧与创造力的培养密切相关。成功大师詹姆斯·韦伯在《构思的技巧》一书中，指出了构思的五个基本步骤：

（1）搜集可供参考的信息。

（2）将这些信息在大脑中加以消化、吸收。

（3）新的想法在潜意识中逐渐孕育成形。

（4）当概念清晰浮现时，就是构思完成的时刻。

（5）将此概念转化为现实可行的方案或计划。

无数成功人士的经验都证明，这种技巧不但简易可行，而且很有成效。

成功实例

（一）只要你能想到，就一定能够做到！

截至1998年，打工仔金徐凯在极端贫困，没有任何仪器设备的情况下，共取得了58项发明成果，其中，有23项发明成果获国家专利。当年，团中央、公安部、司法部等八部委授予他"全国十大杰出务工青年"光荣称号。2002年底，他获得了第一笔知识产权收入30万元，但他却将30万元全部捐赠了出去，自己再一次变成了穷光蛋。他在谈取得成果的原因时说："我能够取得这些发明成果，应该谢谢贫困，它逼我冒出思想火花。"接着，他这样介绍自己的发明经过：

"弟弟那种渴望的眼神深深刺痛了我"

在我6岁那年，背着铺盖卷儿去新疆打工的父亲一步一回头地离开了家，这一走，就再也没有回来。

当时母亲只有25岁，上有曾祖母、祖母，下有我和弟弟，祖孙四代五口人的生活重担全压在她的肩上。为了养活一家人，母亲像头牛一样，比男人干得还苦。她忙完了地里的活儿，就去城里帮人拉蜂窝煤。无论是烈日当头的酷暑，还是滴水成冰的隆冬，她总是弯腰弓背地拉着装满蜂窝煤的架子车，行走在大街小巷。

第五篇　开动成功的创新机

因为家里穷，买不起玩具，弟弟常看着别的孩子的玩具出神，那种渴望的眼神深深刺痛了我。于是，我找来木头、皮筋之类的东西，自己动手做风车、鸟笼，做我想象中的飞机和火车，做武侠书里出现过的"袖箭""回弓弩"。那些玩具让弟弟乐了，别的孩子也很羡慕，我第一次尝到了创造的快乐。

每天，天刚蒙蒙亮，母亲就要下地干活儿，我则被叫醒起床照看煮粥的锅。六七岁正是贪睡的年龄，我常常坐在灶台边就睡着了，结果锅里溢出的粥浇灭了炉灶里的火。母亲回家见了总是一顿责备，心疼浪费的每一粒米。如果粥快溢出来时，有个东西能自己打开锅盖就好了。我经过多次试验，用橡皮筋在锅的两个提手和锅盖的把手三个点之间，做成一个简便防溢装置。从此煮粥再不需要照看，母亲也对我刮目相看。

从那以后，我迷上了发明，经常会有灵感冒出来。我将短短的铅笔头插在竹管的一头，将橡皮插在另一头，用着很方便。后来，我发现家里养的几只鸡满村子乱跑，下的鸡蛋常常找不着，我就找来一些废弃木料，自己动手做了一个"非电性自动集蛋、给料、高效立体式鸡笼"。那年，我13岁。这样的小发明还有很多，而灵感几乎都是被贫困的生活逼出来的。

1992年，母亲生了场大病，仍要挣扎着起床干活儿。我坐在她的床边，吸了口气道："我要出去打工挣钱。"母亲的眼圈立刻红了，声音抖抖地说："你爸爸出去打工，再也没有回来。你要是在外出了事，叫我怎么活啊？"

我没有再反驳。次日，我给母亲留下一封信，带着仅有的100多元钱悄悄离开了家。我在信上说："我一定要让您过上好日子，无论我走到哪里，我都不会给您丢脸。"

"我不怕吃苦，但我出来打工难道仅仅是为了有口饭吃？"

1992年深秋，辗转多日，我终于到了海南。站在人流里，我紧张而又茫然。

我白天四处奔走找活儿干，晚上露宿在马路边。由于身份证在路上丢了，我四处碰壁，找不到工作。我一天只敢吃两个馒头，渴了就喝自来水。撑到第15天，口袋里只剩下5毛钱。我又恐慌又绝望，来到海边，身不由己地朝着海浪走去。溅起的浪花如同泪水一般苦咸，我忽然想起千里之外的母亲，慢慢缩回了脚步。

我忍着饥饿爬上岸，继续找工作。第一份工作是给一条通往海边的排污口挖淤积的烂泥，老板只管吃住，没有工钱。他朝工棚的地上扔了块砖头，说："就睡那里吧。"

第十二讲　培养想象力和创造力

我站在污臭的排污口挖烂泥，然后一车一车地拉到苗圃去。虽然辛苦，可总算有了一口饭吃。二十多天，那活儿干完了，我又失业了。

第二份工作是在一家宾馆当保安。别人呼呼大睡时，我大睁着眼睛无法入眠。难道打工仅仅是为了有口饭吃吗？

一天，有个朋友跟我抱怨，说刚有急事要打的，在路边拦了半天，都是满车。那时，出租车还没有显示是否载客的标识。我听了，心头一震，失落已久的创造灵感像一束火苗，照亮了我脚下的路。如果能设计出一种出租载客显示器，那将是一个不小的市场！

我兴奋不已，想马上动手设计。可是，那个一闪而过的灵感犹如开启的一道门，门里面的世界深不可测，对电子电路、遥控等知识一无所知的我，根本无法走进那个世界。我必须从头学起。我到电器修理铺给师傅当下手，多看、多干、勤问，几个月下来，我将电子电路摸了个透。

设计图纸终于出来了，为了全身心投入试制，我揣着仅有的100多元钱在海边租了一间渔民放渔具的小铁皮屋，将自己关在里面一遍遍地试制。由于没有钱，也没有时间弄饭，我每天煮一锅没盐没菜的稀粥，饿了就喝一点儿。

一天，一位朋友四处打听我的下落，找到了海边，他问当地渔民可曾见过我，渔民指了指小铁皮屋问："你要找的是不是住在里面的那个怪人？"朋友半信半疑地推开了虚掩着的门，看到蓬头垢面、胡子拉碴、瘦得形销骨立的我，他冲过来紧紧抱住我失声痛哭。

一个多月后，我抱着自己研制成功的第一台出租载客显示器走出了小铁皮屋。1994年11月，我发明的出租载客显示器获国家专利。

"六年间，我17次失业，常常穷得口袋里再也找不出一个硬币"

我不再为有一口饭吃而活着。创造的灵感不断在头脑里闪现，我为那一个个灵感而兴奋，也被那一个个灵感折磨得痛苦不堪。

为了便于搞发明，我放弃了一次次比较好的工作机会，而选择一些工作时间相对灵活但收入少的工作。我做得最多的是夜间保安，晚上上班，而白天，我不是去搞市场调研、去图书馆查资料，就是关在小屋里搞发明。没钱买资料，我就到书店看书、抄资料，我不止一次被书店的人轰出门。

一天晚上，我在一家酒店大堂当保安。几位香港客人站在离我不远处谈论着淋病、梅毒、艾滋病，说入住酒店不敢轻易坐马桶，马桶是传播这些疾病的重要途径。我马上敏感地意识到这将是一个市场广阔的研究课题。

下班后,我先到酒店客房卫生间观察马桶,然后又到酒店库房找来旧马桶,反反复复地观察、拆装、研究。那些日子,我脑子里琢磨的全是这件事。有了一个初步想法后,我买回材料动手做实验。通过不断摸索、分析,三个月后,我设计出了一种电动装置,只需一按按钮,就能自动为马桶坐圈包上一层纸质垫圈,用完后还能自动回收。

可是,当我带着自己的设计成果去做市场调查时,却发现这种设计存在严重弊端:一是造价高,二是电动装置不适用于潮湿的卫生间。我将自己的设计全部推翻,又一次从零起步,我要找到一种功能高度集中、技术高度精练、成本最低的设计方案。

一年、两年、三年,为了将其"精简到不能再精简",我一次次推翻自己的设计,一次次从零起步。但是,每一次的失败都是向终极目标的推进。

为了完善自己的发明,几年间,我先后到全国50多个城市搞市场调研。我打工挣的钱除了吃饭,几乎全花在这上面了。饿了吃袋方便面,渴了喝口自来水。为了赚取路费,我不得不一边调研一边打工,我在黄浦江码头扛过水泥包,在武汉的建筑工地做过小工。那年年底,当我靠一路打工回到海口时,已是除夕之夜,我失去了工作,连住的地方也没有,揣着仅剩的3元钱,徘徊在街头。看着从窗口透出的温馨灯光,心里不由充满了苦涩和伤感。

离家六年了,我多么想念母亲!但是我一直克制着这种思念。有一次搞市场调研我到了成都,从那里回家只有一个多小时的路程。我一下火车就买了回家的车票,可是握着那张车票,我却没有勇气登上返家的汽车。我仍然一无所有,仍然无法兑现当初的诺言,如何面对母亲?泪眼蒙眬中,我看见那辆车开走了,向家乡驶去,转过身,我撕掉了车票。

那个除夕之夜,我是在公园凉亭的水泥凳上度过的。我想了很久,也想了很多,我不能辜负母亲,不能辜负苦苦等着我的女友。

我是在一家宾馆当保安时认识女友的,她是城市女孩,有稳定的工作。她的家人和朋友都反对我们相恋——谁能相信一个居无定所的打工仔所承诺的幸福呢?可是她却相信我,她在信上说:"没有一个人看好我们的未来,那又有什么关系?重要的是两个人的态度和信心……专心做你的事,我会一直等你。"

我终于研制成功了一种操作简便、可自动回收的一次性马桶卫生拉膜垫。

之后，我的一个个灵感在努力中变成了一个个让人耳目一新的成果：庇护式电动刷牙器、可折叠便携式浴缸、全封闭式储水器……八年中，我共取得了58项发明成果，其中，有23项发明成果获国家专利，马桶卫生拉膜垫及庇护式电动刷牙器还获得了国际专利。

1998年，团中央、公安部、司法部等八部委授予我"全国十大杰出务工青年"光荣称号。消息传到海口时，我正经历着第17次失业，正满大街地找工作。

"背着58座金矿，我又一次将自己打到了最低点"

有人说我的58项发明成果是58座金矿，说随便卖出一个发明成果，我都能从穷光蛋摇身变为富翁。

在北京参加"全国十大杰出务工青年"表彰大会时，天津市一位领导邀请我去天津，承诺解决我及家人的户口，并安排一套三室一厅的住房。美国一家集团公司表示，愿帮助我和家人移民美国，并许诺要为我的发明走向全球市场创造最好的条件。深圳、珠海的一些厂商也来与我洽谈，愿意买断我的专利。

我也曾动心过，可是，人不能仅仅为钱活着，我心里一直存有一个梦想，那就是亲手将自己的发明成果转变为产品，让自己的产品走进市场。

有人说：心有多大，舞台就有多大。但是我深知，大舞台是给有能力的人准备的，要将发明成果转化为产品并推向市场，我需要学习的东西太多了。我决定用两到三年的时间学习知识、锻炼能力、积累经验。

1999年3月，我离开海南到了深圳，变成一名普通的打工仔，从最底层干起，我专门选择那些需要对产品进行创新和改进的企业打工。在那里，我了解人家的生产设备、工艺流程、企业管理以及资金运作等。一位公司老总跟我开玩笑说："看来你是要把我们公司的技术都偷光啊。"就这样，我先后在十几个企业打过工，深圳的快节奏、高竞争，特别是接受新生事物的能力和开放、活跃的创造氛围让我受益匪浅。

2002年10月，我谢绝了所有的邀请，将"58座金矿"背回了家乡四川省眉山市。在这里，我与投资方一起创办了舒尔保洁企业（四川）有限公司，我担任公司总经理。我们的口号是：只要你能想到，我们就能做到。

"让他们实现自己的梦想"

这些年来，我的路走得很坎坷、很艰难，如果没有好心人的扶助，绝对走不到今天。我忘不了一位叫辜国斌的打工仔,他失去工作,衣食无着,却将仅剩的50元钱给了我。我忘不了在上海搞市场调查时没钱吃饭,一位在上海出差的江西人将我带到餐馆吃了一顿饱饭,并送给我100元钱,鼓励我说:"小伙子,你一定要坚持下去,一定要挺住。"

2002年底,我得到了第一笔知识产权收入30万元。我决定拿这笔钱作为起始资金成立基金会,用于资助和培养有志于发明创造的贫困孩子。我要帮助那些贫困的孩子,让他们实现自己的梦想。

希望那些苦孩子在人生的路上少些坎坷,希望他们在最艰难的时候也有人对他们说:一定要挺住!走过荆棘,走过泥泞,就能看到瓦蓝的天,就能看到人生的春天。心有多大,舞台就有多大!只要你能想到,就一定能够做到!

资料来源:吴宓雯. 谢谢贫困,你逼我冒出思想火花 [J]. 中国青年,2003(17).

(二)清华"学霸"三度创业

互联网圈有两个马云,除了阿里巴巴创始人马云之外,业界鲜有人知道麦乐购的CEO马云,人称"小马云"。"小马云"非常低调,他是清华"学霸",大学期间就开始创业,并拿到一笔100万美元的风投。之后他又创立了交友平台亿友,不到30岁就实现了财务自由。随后,创立了妈妈交流平台妈妈说和母婴领域的垂直电商麦乐购。

首次创业:先甜后苦,被迫关张

命运总是会眷顾一些人,马云是其中的幸运者,1995年考上清华大学,然后被保送研究生。马云不仅用四年时间就把本科和研究生的内容都学完了,而且还修满了学分,并拿到一等奖学金,是典型的"学霸"。

1999年,马云在快毕业的时候和同学一起做了面向高校学生的门户网站——易得方舟。"当时大学内部的网络和新浪的带宽都很窄,我们上新浪很慢,就把外面的网站内容拷贝到学校的网站里。为此,我们还融到100万美元,100万美元对于当时的我们来说真的是一笔天文数字,当时我的生活费才100多元。"2000年,易得方舟在中国互联网Alexa排名能排到前28位。

然而好景不长,因为没有盈利模式,易得方舟很快就关门了。这次创业给马云上了人生当中最为深刻的一课。"我对人生有了很清醒的认识,必须要踏实做事。"他没有再去创业,而是踏踏实实找了一份工作。2001年,马云在

第十二讲　培养想象力和创造力

网易无线事业部担任副总经理。"我去网易的两年，真的让自己沉下心来认真工作。此时，我的同学大多数选择出国。"

二度创业：不到30岁实现财务自由

有着创业基因的人很难长期将自己定位为一名打工者。2003年，钱包里只有1400元的马云再次蠢蠢欲动，他和两个朋友一起创建了交友平台——亿友中国。

"当时家里给我的压力很大，他们说我上大学的时候不好好读书，跑出去自己瞎干，这次又要创业。"但创业者都有着他人无法理解的"偏执"，马云并没有因为家人的反对而放弃自己的二次创业计划。"我们吸取第一次创业失败的教训，一个公司不赚钱是不行的。亿友是休闲交友，并不完全以婚恋为目的，我们增加了无线的功能，用手机可以看你的网页上谁给你留了言，付5块钱的月费可以收到留言提示。"

这一次，马云成功了。2005年，亿友被美国著名科技财经类期刊 *Red Herring* 评选为"亚洲最具成长潜力的100家非上市公司"之一，并荣获"中国互联网创新500强"称号。

不过，这一次，马云面对成功十分冷静。2006年，马云将亿友卖给了欧洲最大的网络交友公司 Meetic，至此，马云实现财务自由，而这一年，马云还不到30岁。

是什么原因让马云下决心把亿友卖掉？马云坦陈，主要有两个原因：一是当时欧洲最大的交友网站准备进入中国市场，从而会带来潜在的竞争威胁；二是亿友的商业模式——运营商代收每月5元钱的服务费——存在问题。"2005年，我们知道中国移动、中国联通会在2006年大幅度调整收费比例。由于我们在收入上对运营商的依赖，调整后我们就会由盈转亏。"

"我想当初做出的决定是正确的，'知止'和'坚持'都是创业中难能可贵的品质。"马云说。

三度创业：创立麦乐购不为上市

实现财务自由的马云并未停止他的创业脚步。2006年，马云在国外成立了控股公司 Baby Space，专门帮助中国家庭健康育儿。旗下有两个子公司，一个是妈妈说，另一个是麦乐购。妈妈说是面对中国0~6岁孩子妈妈的育儿、生活、消费社区，麦乐购是专门面向母婴领域的垂直电商。

妈妈说只干三件事，即指储存、分享、购物。"第一，妈妈说提供无限量的网上存储空间，帮助妈妈们存储孩子的照片、日记等。现在妈妈说与麦乐购有2000万的用户，平均每个家庭存了1000张照片。我们在北京、上海、硅谷设了服务器，孩子的成长照片很重要，哪怕有一个机房烧掉了，记忆都不会丢掉。第二，鼓励妈妈通过互联网社区，分享带孩子的经验和知识。第三，给每个用户提供一个主页展示。做了两年，主要靠广告盈利。"马云说。

后来马云发现，中国的母婴行业潜力巨大，单纯靠广告的模式面临的天花板很低，很多用户的刚性需求是实现孩子的健康成长，"特别是食品安全，2008年出了三聚氰胺事件，父母对孩子的食品安全有很大的担忧。因此，我们推出了麦乐购"。

马云这一次创业并不像前两次那样快速做大规模，这次他有意把脚步放慢。"我们的用户是孩子和母亲，从食品安全的角度做供应链要求非常细致。公司创立七八年融了500万美元，我们艰难地活了下来。麦乐购不是一家烧钱的公司，我们很少投广告，只是希望把服务做好，让公司小而美地活下来。"

与其他母婴电商最大的不同是，麦乐购80%以上的产品都是婴幼儿食品，且仅做进口食品。马云称："食品安全对于我们来说是最重要的，而并非强调价格便宜。"麦乐购绝不会在境外超市扫货，只与商家和总代理合作，这样才能保证一个集装箱的产品都是同一批号，通关检测保证安全。

在整个中国母婴行业大发展的背景下，2012—2014年，麦乐购进入高速成长期。很多投行找到麦乐购，想帮助公司上市，但此时的马云认为："我们还是踏踏实实做得好更重要，母婴市场很大，我们只是其中一小部分，如果整个产业有一万亿以上的市场，我们仍然非常小，仍然有很多事要做。"

资料来源：吴琳琳. 清华"学霸"小马云三度创业 做麦乐购不为上市[N]. 北京青年报，2015-05-18.

（三）活到老，发明创造到老

发明创造的主力军自然是青年，但老年人也是一支重要的力量。罗立娟老人共有100多项发明，并参加了北京高新技术产业国际周个人科技成果展。这充分证明，活到老、学到老、发明创造到老是完全可能的。

2001年5月举办的北京高新技术产业国际周首次推出了个人科技成果展，共有86个发明人带着他们的发明专利和科技成果参加展览。其中，参展年龄最大的发明者是家住北京方庄的罗立娟老人。据大会的组织者介绍，他们从

第十二讲 培养想象力和创造力

报纸上得知罗立娟老人有着多项发明，但因为缺乏展示平台而不能实现产业化，于是他们特意找到并邀请老太太参加了这次展览。

罗立娟准备参展的个人科技成果是多功能轮椅。老太太早在多年前就已经设计好了该产品，并在1994年申请了实用新型专利。

在罗老太太家，她用一个纸板制作的复杂模型，演示了多功能轮椅的十多种用途：不仅可以作为老年人、病人通常所用的轮椅，也可以作为孩子的餐桌、学步车，甚至可以成为休息的沙发、床。为了帮助老人参加个人科技成果展，大会的组织者专门出资将原来的纸板模型做成了新的有机玻璃模型，并且在原来的基础上做了革新。老人说，现在的是第二代产品，她还准备继续推出第三代多功能轮椅。

在老人的家中，随处可见一些看起来既新鲜又实用的发明。例如，老人自己曾经使用多年的多功能工具台，中间是一个箱子，可以在里面放很多工具，从两边拉开是床，睡100多斤的大人没有问题，还可以将它组合成一个2平方米的大桌子。头顶上用的"玻璃反光灯伞"不但看起来很美观，还可以增加灯的亮度。甚至在街上还放着她设计的"神奇魔术屋"，房高2米，占地1平方米，拉开以后共4平方米，既可以"一"字形排成房，也可以变成"田"字形，每个房间之间有隔断，每间房屋都带有门、窗、桌子和凳子。

她的家里人透露，老人自己有一个大柜子，里面装的都是一些工具、原材料和样品，柜子的钥匙只有老人自己有，平常不准任何人动她的这些宝贝。这些发明大部分是老人自己动手做出来的，有的时候则要请一些师傅帮忙。另外，所有买材料的钱都是老人从自己的退休金里拿出来的。

据了解，罗老太太搞小发明已有很多年的历史了。年轻的时候，自己设计衣服，织出的袜子因式样新颖而销路很好。在学校当了多年老师退休以后，老太太搞发明的热情一下子涌了上来。罗老太太说，到现在，自己的发明成果大大小小不下百种，而这些发明的灵感均来自生活，还有更多发明的设想是在脑子里，没有来得及一一实现。

当问起老人搞了这么多项发明，是否希望有厂家能够买走专利权，将它们大规模生产出来投放到市场上时，是老人说，由厂家买走技术当然好，但是她自己看中的不是能拿到多少钱，而希望能把这些发明用于社会。如果是那样的话，老人觉得自己可以把这些专利和技术免费给他们。按照老人的设想，如果有人出资和组织，能够将福利、科研、设计"三合一"成立一个工厂，让那些下岗职工和残疾人能学到一门技术，生产一些东西，那将是最好不过的事情了。

资料来源：根据《中国经营报》2001年5月10日报道编写。

（四）李彦宏：认准了就去做

中学时代就意识到信息、资源的不平等

我在很早的时候就对计算机非常感兴趣，记得那是在1984年，我当时在山西省阳泉市。我所在的学校只买了几台计算机，而学校里光我们一个年级就有400多人，所以只能有少数学生有机会去学习如何使用电脑。当时学校采用了一个办法，就是考一次试，谁的数学成绩好，就选他去学计算机。当时我就满怀信心地去学计算机，学了一年之后，我们学校进行了一次考试，选出了前三名。选出来的前三名去参加全国青少年程序设计大赛。我记得带队老师带着我们三个人坐着火车到太原去，在火车上老师跟我们讲，说你们三个人只要有一个人能够冲进全省的前十，我就没白教你们。我说老师你放心吧，我们一定给你争光。第二天我们在太原参加了考试。等到考试结束之后，我去干了一件事，我到了太原的新华书店，去看那里的书。我一进新华书店就惊呆了，因为它有好几个书架都是有关计算机编程的，而在阳泉也有一个新华书店，我经常到那里去找书，我能够看到的所有关于计算机的书就是我上课时用的那本教科书。

后来我们三个人没有一个人进入前十名，而且我也很清楚为什么我们进不去，因为大家在信息、资源面前太不平等了。当然，这一次失利其实对我后来有比较大的影响。我当时是高一，后来到高三考大学的时候要报志愿，虽然我挺喜欢计算机的，但是我觉得我不能报这个专业，因为我知道有太多的人在更大的城市，如太原甚至是北京，他们有比我们多得多的资源优势。我就想有没有什么专业既能够应用到计算机，但又不完全是计算机，于是我翻了各个高校的所有相关专业，最后找到一个专业，那就是北大的信息管理系。我现在想起来，这是为什么后来我能够做百度，能够让人们这么容易地找到他想要找到的信息，因为我从小心里就埋了这么一颗种子，要让所有的人，要让全中国的人，不管在多偏远的地方，都能够像北大的教授一样，方便、平等地获取信息，找到所求。

第十二讲　培养想象力和创造力

赴美留学被问及"你们中国有电脑吗"

我很快发现，在这样的一个专业，有关计算机的课比较少，学得也比较浅、比较容易。大家知道，美国在科学技术方面一直是比较领先的，尤其是在我们那个时代，美国是远远领先于中国的。那么要想学习更好、更优秀的科学和技术，那个时候的最佳方式就是到美国去。但是当我发现在美国没有与信息管理相对应的专业的时候，我很茫然，我需要重新做一个决策，下一步怎么办？我做了两件事情，第一件事情是希望我能够在我所处的领域比别人了解得更深入一些，作为一个本科生，我天天到北大的图书馆里看最新发表的与我的专业有关的论文。第二件事情就是去申请美国的计算机专业。后来我被布法罗纽约州立大学计算机系录取。刚刚到美国的时候，我特别不适应，一方面那个地方很冷，一年有六个月都在下雪；另一方面，功课很紧，并且有一些课程我本科没有学过，人家讲研究生的课程我听不懂，听完了之后一头雾水。有一次我问旁边的同学什么叫 flip-flop，同学说："这你都不知道，这就是触发器！"我又问什么叫触发器，因为我本科没有学过这些硬件的东西。

第一年学习是很困难的，我又有生存的压力，想及早去挣钱。有一次，我看到我们系以外有一位教授在做计算机图形学，想要招一个助理研究生，并且是给工资的，所以就想去试一试。我把我的简历发过去，后来他叫我去面试，问了我几个有关计算机、计算机图形学的问题，我估计回答得不好，回答得非常不好。最后，他问了我一个问题，至今我印象都非常深刻，他说："Do you have computers in China？"是什么意思？他的意思不是"你在中国有电脑吗"，因为那个时候的中国人没有一个人能够买得起电脑，他问的是"你们中国有电脑吗？"我怎么跟他说呢，我想说我将来要建一个全球最大的搜索引擎，我要让数亿人、每一个人都很方便地想找到什么就能找到什么，我要买很多很多的电脑用来干这件事……但是我当时没有这样说，我当时只是说"有"，然后就默默地离开了他的办公室。

20多年以后，我想无论是那位教授还是我自己，我们都没有想到，今天的中国，智能手机的拥有量已经是美国全部人口的两倍。那些芯片厂商的CEO见了我说："你要什么样的芯片，我给你定制。你对电脑有什么要求，你告诉我，我量身给你做。"当他们说这句话的时候，我真的会想起当时那个教授问我的问题。有时候我也在想，过去这二十几年到底发生了什么事情，

第五篇　开动成功的创新机

是什么造就了这些改变，我又是如何一步一步地变成今天大家都感兴趣的一个人。

"不跟风，不动摇，一直到成功为止"

我想了想，其实无非就是人生道路上每一次的选择。你选对了，海阔天空；你选错了，荆棘密布。我们怎么才能做出正确的选择，我觉得其实有三个条件：第一，这个人不能太笨，这个条件绝大多数人都能满足；第二，你要有浓厚的兴趣，你要想对一件事做出正确的判断，你一定得对这件事感兴趣，你感兴趣了才会花时间进行深入的思考；第三，也是最重要的，就是有丰富的信息源。

与那个教授对话以后，我开始意识到，我在计算机图形学上不行，但我有我的强项，我对信息检索感兴趣。我先进入了华尔街，做实时的金融新闻检索系统，《华尔街日报》现在用的检索系统可能仍然是当时我写的。后来我意识到华尔街不是我真正的归宿，因为华尔街真正认为最有价值的人不是程序员，而是那些做股票交易的交易员，所以我决定到硅谷去。

我加入了当时的一个搜索引擎公司，开始下决心：只要我在这个公司一天，我一定要保证这个搜索引擎是世界上最好用的。我那个时候的确把最先进的技术应用到了那个搜索引擎上，但是很多事情我是说了不算的。因为我说了不算，所以这些建议没有被采纳，当一个个这样的建议不被采纳时，我意识到我需要做一件自己说了算的事。因此，1999年底，我决定离开美国，回到中国来创业，这就是百度诞生的一个机缘。

2015年8月5日是百度上市10周年的日子，纳斯达克的CEO给我发了两张照片，照片内容是美国时代广场上的大屏幕循环地用中文和英文在播放"Happy 10th Listing Anniversary Baidu"。当我看到这些照片的时候，我又想起那个教授的话，"Do you have computers in China？"当你面对一个一个机会、一个一个选择的时候，如果你做了正确的选择，你认准了，你就不会害怕失败，不会害怕挫折，不会害怕被拒绝，你会坚持下去，不跟风，不动摇，一直到成功为止。

资料来源：佚名. 李彦宏：认准了就去做[N]. 北京广播电视报，2015-10-22.

第十三讲

组织智囊团

成功箴言

　　智囊团是由两个或两个以上的人，以和谐的态度和主动积极的精神，为共同目标齐心努力的团体。智囊团原则使你得以把别人的经验、训练和知识所汇集的力量，当作是自己的力量一样加以运用；如果你能有效地应用智囊团，则无论你自己的教育程度或才智如何，几乎能克服所有的障碍。

——拿破仑·希尔

原理与指南

　　克里曼特·斯通在给《拿破仑·希尔传》写的导言中说："在读《思考与致富》这本书时，我意识到希尔的见解和我的完全相符。……我尤其感兴趣的是希尔称之为'智囊团'的概念，它定义为两个或更多的人为了一个共同的目标齐心协力地工作。我认为，运用这个原则，可以让我的利益和其他人的利益保持一致，从而使自己得到提升。他们可以分担我的工作，这样我就能腾出手来做其他工作。"那么，何谓智囊团？它对争取成功有何作用？应该如何组织智囊团？如何维系智囊团？下面就来进行简单介绍。

你可以得到自己所需要的一切知识

　　要想达到某一方面的目标，离不开相关的专业知识。然而，一个人不可能拥有全部的专业知识，这就需要学会组织、利用智囊团，从而得到你所需要的一切知识。能够规划和主导智囊团的人，和其中任何一位受过教育、具备专业知识的人一样，都是举足轻重的。

在获取知识方面，有两点需要特别注意：

首先，要确定你需要哪一类专业知识，以及需要的目的何在。你人生的主要目标、未来努力的方向，是帮助你确定需要哪一类知识的首要前提。

其次，要知道哪些知识来源是靠得住的。一般来说，靠得住的知识来源包括智囊团、大专院校、图书馆、特定的培训课程等。

这里需要强调的是，知识只具有潜在的力量，它本身不会带来财富，只有在经过重新组织之后，变成确切的行动计划，才能导向明确的目标，最终带来财富，取得成功。

如何组织智囊团

世上没有人能够不需要任何帮助而成功，因为个人的力量是有限的。所有伟大的人物，都是依靠他人的帮助才最终获得成功的。组织智囊团就是利用他人的力量争取成功的最好方法。

为了使你的智囊团正常发挥功能，你必须给智囊团成员清晰且正确的指示，而成员也必须愿意充分与你合作。以下四个简单的步骤，可以确保智囊团的正常运作。

步骤一：确定你的目标

使智囊团发挥功效的第一个步骤，就是设立一个明确的目标。同时，你必须使智囊团的共同目标就是你自己的明确目标，或至少应该非常接近你的目标。

步骤二：挑选成员

挑选能帮助你达到目标的人，是一件必须小心谨慎的事。如果你能时时把握住以下两项特质，就能更快地挑选到适合的人才。

第一项特质是工作能力。切勿因为你喜欢或认识某人就把他挑选为成员，你最好的朋友未必就是你所需要的专业人才，智囊团成员必须具有专业工作能力。

第二项特质是与人和谐共事的能力。不和谐的工作气氛将会抵消智囊团的效率，虽然这种情形可能不会立即发生，但却可能在输赢的关键时刻爆发出来。你必须排除智囊团中的任何不和谐现象，使各成员毫无保留地奉献自己的智慧，确保个人的野心（包括你自己的野心）从属于智囊团的共同目标。

步骤三：确定报酬

确定成员的报酬是维持和谐的一项重要因素。在一开始就应该确定成员可能得到多少报酬，这样一来，必将大大减少日后发生争执的可能性。确定报酬的基础是成员的基本行为动机。虽然财富对成员的吸引力最大，但也不能忽视其他动机的重要性。对许多人而言，认同和成就感与金钱一样重要。你应该欣然、公平而且慷慨地在成员之间分配最具影响力的激励因素——财富，你的表现越慷慨，就越能从成员那儿得到更多的帮助。

步骤四：确定集会的时间和地点

确定集会的时间和地点，可以确保成员不断进步，并且借此机会解决智囊团所面临的问题。随着智囊团的不断成熟和成员之间和谐气氛的增长，你会发现，这些集会能使各成员的脑海中激荡出一连串的构想。

另外，切勿以定期集会取代成员之间的自由频繁接触，如打电话、发短信、发邮件、写留言条或是在走道上交谈。因为这些方式可以使成员获得集会时所需要的信息，如此一来，便可在集会时迅速解决突发情况。

如何维系智囊团

维系智囊团内部的和谐是智囊团的领导者必须承担的任务。这里重点应注意下列四件事：

（一）信心

作为智囊团的领导者，你应该为实现明确的目标而做出奉献，从而激发成员对你的信心。

（二）沟通

所有成员应该对所面对的情况有全盘的认识和了解，所以应该经常相互沟通。所有成员都应具备处理每一项决策中核心问题的能力。在做出决策之后，智囊团每个成员都必须确信这是一项好的决定，而且每个成员都愿意全力支持这项决定。

（三）公平和正义

当你组织智囊团时，每位成员都应该愿意为共同目标奉献一己之力，每位成员都应该在利润分配上取得共识,每位成员也都必须以合乎伦理道德的态度与其他成员相处,成员之间不得牺牲他人利益以换取自己的利益。如果不能遵守上述要求的话,则在团员之间必然会发生意见分歧,进而毁掉整个团体。

(四)勇气

每位成员都应该以坚定的信念、百折不挠的精神和勇气来面对所有的危险和困难。这种不畏艰难的精神源于自信心和经过良好培养的成功意识。一个人的勇气是无法和一个团体的勇气相比的,这就好像一个电池的电力远不如一组电池的电力来得强一样。集结越多人的心智,就会产生越多的力量。

总之,智囊团成败的关键在于成员之间是否和谐。你必须不断地努力,以加强这种和谐关系。

成功实例

(一)"无知者"亨利·福特为何能成功?

亨利·福特出身贫寒,连小学都没有毕业,但他白手起家,并在25年之内成为美国"汽车大王"。分析其成功原因,除了他本人所具有的成功特质之外,他的智囊团功不可没。

第一次世界大战期间,芝加哥某报登了一篇社论,称"汽车大王"亨利·福特是"无知的反战者"。他们之所以称福特为"无知的反战者",是因为他连小学都没有毕业。福特针对该言论提出抗议,诉诸法律,控告该报诽谤他。法庭审理该案时,报方律师为证明报社无罪,要求法庭请福特到证人席,以便向陪审团证明其是无知的。报社的律师问了福特各种问题,其目的在于证明福特虽然拥有不少制造汽车的专业知识,但大体上仍然是所知不多。

福特遭到了各类问题的炮轰,如"班乃迪特·阿诺是谁?""英国派了多少士兵到美国镇压1776年的叛乱?"……最后,在碰到一道特别不怀好意的题目时,福特厌烦地靠过去,伸出手指对着发问的律师说:"如果我真的要回答你刚才提出的傻问题,以及你们从刚才到现在一直在问的那些问题,我可以提醒你一点,我的书桌上有一排电钮,只要按一按电钮,就可以招来帮忙的人。……有这些人在我身边随时提供我想要的知识，我为什么还要为了能回答问题，让自己的头脑挤满了一般性的知识呢？"

这个答复很有道理，因而击败了那位律师。法庭上的每个人都心知肚明，这个答复不是"无知者"的答案，而是"受过教育者"的答案。受过教育的人不见得要具备丰富的专业知识或一般性的知识，但他们都知道在需要知识时该上哪里去取得知识，并且还知道要如何把知识组织成确切的行动方案。亨利·福特有自己的智囊团，他可以借智囊团之力，随时获得所需要的专业知识和一般知识，而未必需要自己去具备这种知识。

资料来源：希尔，瑞特. 一生的财富［M］. 钟子清，李斯，译. 海口：海南出版社，1999.

（二）花 1200 万元做咨询值不值？

西方管理界有一个理论，即一个企业的资产超过 1000 万美元后，如果它没有智囊团，则其生命周期不会超过五年。只要一个重大决策失误，这个企业就完了。

今日集团发展到今天，宏观环境已经发生了翻天覆地的变化。要面对和驾驭这种巨变，单凭今日集团的几个决策者的智慧是远远不够的，必须借用"外脑"作为决策参谋，尽量减少决策的盲目性，谋求企业的长远发展。为此，今日集团出资 1200 万元请美国麦肯锡公司做了一个咨询报告。

他们和麦肯锡公司的人员首次接触是在 1997 年底的一次研讨会上。麦肯锡公司的研究人员发表的演讲深深地吸引了他们。会后，集团领导进行了初步的沟通，在交流过程中，他们感觉到麦肯锡公司的管理咨询理念很超前，亦很有操作性。麦肯锡公司的眼光是全球性的，其调研机构遍布全世界，且随时可以从全球网络中调配有关专家为客户提供服务。最为重要的是，麦肯锡公司有几十年的管理咨询经验，掌握着各个领域顶尖企业的运作经验和失败教训，这些经验和教训倘若通过咨询为今日集团所用、所吸纳，必将增加今日集团的内涵，提高今日集团的竞争力。

公司几位决策者经过交流后，最后达成了共识：今日集团的发展战略是要力争成为同行第一，聘请管理咨询公司时亦应请世界一流的公司。今日集团应做"长明灯"，而不是"走马灯""闪光灯"。他们发现，国内众多新兴企业之所以出现"其兴也勃焉，其亡也忽焉"的现象，根本原因就在于企业壮大后，决策者不知所措，要么盲目实行多元化经营，最后死在贪大求快上，要么出现内讧，最后死在管理瓶颈上。今日集团要想绕过企业发展的危机期，请麦肯锡公司做参谋是非常必要的。

他们还有一个考虑，即对提高企业核心能力的追求。在市场经济越来越发达的今天，社会分工越来越细，任何一个企业要追求永续经营的发展目标，凭借的只能是其核心能力，即企业在某方面的独特优势，而非其全面能力。企业应集中精力在核心能力方面做得更好，而其他相关能力的获取应借助外部的服务咨询专业机构。

今日集团的做法被报纸披露后，有人质疑花 1200 万元请外国公司做一个报告到底值不值得。经过实践，今日集团用两个事实说明这样做是值得的：

第一，麦肯锡公司派研究员与今日集团的专门委员会用三个月的时间沟通、交流、研讨公司未来的发展战略，仅就这一过程来看，公司的参与者已是收获甚丰，了解了世界同类顶尖企业的运作思路和实践，学会了用战略的、整合的观念来看问题。

第二，公司的管理者通过接受专门培训，获得了处理人际关系、工作压力等方面的技能，他们的工作更投入了，关系更融洽了。这些收获都是集团的资产，看似无形，实则有着太多的价值。

资料来源：杨杰强. 1200 万元花得值不值？［N］. 中国企业报，1998-07-31.

第六篇

夯实成功的奠基石

要想健康成长，取得成功，应该具备五个基础条件，这些条件是取得成功的奠基石。它们分别是：保持健康、培养吸引人的个性、培养良好的习惯、预算时间和金钱、鼓励团队合作。

第十四讲

保持健康

成功箴言

　　一切的成就，一切的财富，都始于健康的身心。"健全的心灵寓于健康的身体"。这句格言可追溯到古罗马时代，而且历久弥新，到今天仍然适用。一个人只有精力充沛，才能对所从事的事业锲而不舍。这里不妨对你说，健康的身体才是赚钱的本钱。因为身体不佳，对于自己、对于世界都会失去希望。

——拿破仑·希尔

原理与指南

　　人们都是渴望财富、成功、幸福和快乐的，人们给自己设定目标，激励自己向着目标努力，这些都是无可非议的。但是，如果人们在追求心中所想的时候忽略甚至牺牲了自己最宝贵的财富——健康，那又怎么能够取得财富和成功呢？即使取得了财富和成功，自己却重病在身，那又如何能够享受幸福和快乐呢？健康的直接表现形式是生命，而生命对于每一个人来说只有一次，一个不懂得保持健康、珍惜生命的人，将注定一无所有。有位智者说得好："财富是留给孩子的，权力只是暂时的，名声乃是以后的，只有健康才是属于自己的。"所以，我们在艰苦奋斗、争取成功的征途中，务必要注意保持健康。

健康的内涵

　　人的健康包括身体健康和思想健康两个方面，即身心健康。同时，身体健康和思想健康是不可分割的。任何影响到思想健康的因素，也会影响到身体健康；反之，任何影响到身体健康的因素，也会影响到思想健康。

由于人的身心和自然是合一的，所以，要想了解保持身心健康的方法，必须先了解自然运作的方法，人必须与自然力和谐相处，而不能与它相对抗。另外，就像你必须了解整个自然界，并随着它的规律活动一样，你也必须了解你的整个身体，并随着它的节奏运动。

人的身体和思想是一个整体，彼此相互影响，然而，人的思想比身体具有更高层次的功能。人的身体是承载思想并执行思想指令的功能机器，要想有机能健全的身体，就必须具备机能健全的思想，思想健康对身体健康有直接的影响力。

有些人的身体机能虽然受到限制，但是思想的力量却使他们过着充满创造力的生活。在这方面，海伦·凯勒、张海迪、爱迪生、贝多芬就是最好的例子。

健康是无价之宝

美国的富翁们说，如果能把他们的寿命延长10年，他们愿意花1000万美元。你可能想做一个最好的科学家、发明家、教授、医生、律师、总经理、销售员或雇员，但绝不会想过早地躺在装饰精美的墓石之下。可见，生命对于我们来说是多么珍贵。

在人的生命旅程中，一边是生长和健康，另一边是衰老和死亡。如果能够向着生长和健康的方向发展，就会感到充满活力，充满希望，就能清醒地意识到自己拥有应付一切危机的力量，知道自己是世界的主人。试问，还有什么能比这样的状态更重要、更宝贵、更自豪、更幸福呢？归根结底，一个人的幸福和荣耀就在于他的健康和他的力量。

生命中最重要的奖赏是健康、坚强和力量。人不一定要具有很大的块头和威武的外表，但应该具有健康的身体、旺盛的生命力和巨大的精神力量。这种力量体现在红军战士艰苦卓绝的两万五千里长征途中，体现在拿破仑24小时不离马鞍的顽强精神中，体现在富兰克林70岁高龄还露营野外的执着中。上述种种，就是生命中最重要的东西。

总之，财富有价，权力有价，名声也有价，唯独健康是无价之宝！所以，保持健康，珍惜生命，应该是每一个人的神圣使命。同时，能够拥有足够的健康和长久的寿命去享受人生，也是一个人在人生路程中获得的主要奖赏。

健康是成功的保证

欲成大业，身体是最大的资本。健康是生命力的主要源泉，如果没有了健康，则生趣索然，效率锐减，生命也必然会随之黯淡。对于一个人而言，体力和智力是最要紧的东西，因为体力和智力决定了人的精神状态、生命力和做事的才能。而体力和智力的强弱，则取决于是否具有健康的身心。因此，一个人能有健康的思想和健康的身体，本身就是一大幸福。

健康的身体是体力和智力的载体，是成就任何事业的基石。所以，欲成就大事者，必须珍惜自己的身体，增强自己的体力，发展自己的智力，并集中精神，对体力和智力进行最经济、最有效的利用。

一个人的成功与失败，取决于能否保重自己的身体，能否使自己的身体总是处于精力充沛的状态。一个身体衰弱的人，遇事往往感到畏难、忧郁，不会有创造精神。如果一个人的肌体里、血液里、大脑里没有充足的力量，那么，每当大事临头，他往往无力应付。他必然筋疲力尽、无精打采、有气无力、死气沉沉，因而他永远做不出大的成就，最终必定要遭到失败。许多人的失败，其原因就在于此。

如果你有强健的身体，那么不论做什么事情，都不会陷于被动，而会完全出于主动。这样，你就会坚强有力，专心致志，最终必定会有独特的开创性成就。强健的身体里蕴含着伟大的创造力，强健的身体可以增加人们各个机能的力量，所以与那些体质衰弱者相比，做事效率自然更高、更有成就。

历史上有重大成就的人物，往往都很重视身体健康。毛泽东在向全国青年发出的"身体好、学习好、工作好"的号召中，之所以特别把"身体好"放在首位，就是要强调只有做到"身体好"，才能做到"学习好、工作好"，因为"身体好"是"学习好、工作好"的前提、基础和保证。毛泽东在青年时期喜爱游泳、爬山，并常年坚持冷水浴，就是有意锻炼自己的身体和意志，增进健康，为未来成就大业准备资本。美国总统西奥多·罗斯福之所以能力挽狂澜，实行"新政"，并获得成功，也是由于他拥有身体健康这一成功资本。他曾经说过："我本是体弱多病的孩子，因为能够注意锻炼，身体就日趋健康，精神日渐充沛，所以做每一件事，必定能达到预先确立的目的。"

可见，人生的第一要事就是要维护和保持自己的健康，发展自己的力量，增强自己的精力，为将来可能从事的事业做好充分的准备，这是每一个人的神圣职责。身体是一个人的无价之宝，千万要好好珍惜。

健康的期限——人究竟能活多久

只有健康，才能长寿。那么，人究竟能活多久呢？根据细胞学的研究成果，太平洋里有一种海龟，其细胞一生分裂72~114次，其寿命可达250岁；鸡细胞一生分裂15~35次，其寿命可达30年；人类细胞一生可分裂50次左右，人的寿命至少可达120岁。最近，科学家根据细胞学、胚胎学、遗传工程学、神经学、基因学等学科研究的成果，提出"人能够活到150岁"的观点。

新闻报道中众多长寿老人的事实说明，人活到150岁是完全可能的。1953年中国进行第一次人口普查时，全国百岁老人只有3384人，到了2014年，全国百岁老人达到了58789人。[1]虽然百岁老人仍然是极少数，但世界各国的人口普查资料显示，人的寿命越来越长，长寿老人的人数呈上升趋势。

怎样才能健康长寿

关于人长寿的原因，可谓众说纷纭。有的说是遗传，有的说是生活环境，有的说是职业和医疗条件。其实，各种说法都有一定的道理。世界卫生组织认为，影响人的健康与长寿的因素中，遗传因素占15%，社会因素占10%，医疗条件占8%，气候条件占7%，而60%的因素在于自己。也就是说，人的健康与长寿主要取决于自己。长寿重在后天保养，重在后天对自己身体的保护。先天不足，后天也可以弥补；先天条件再好，若后天不加强保养，恐怕也很难如人愿。阿塞拜疆百岁老人利巴拉·阿利耶夫在庆祝他的百岁生日时，微笑着对来宾说："如果你活不够100岁，过错全在自己！"这话是有道理的。

长寿是人们的夙愿，人人都愿意探寻长寿之法。天上本无神仙在，人间却有长寿方。长寿是有规律可循、有途径可走的。

---

[1] 资料来源：中国老年学学会。

（一）必须要有积极的心态

由于你的身体受到大脑的控制，所以，要想得到健康的身体，就必须具备积极的心态，亦即健全的意识。不管你是年轻还是年老，心理的观念能决定生活的质量。如果你总认为自己的身体每况愈下，正在衰老，那么你的能量就会随着年龄的增长而渐渐消逝，你就不可能拥有充沛的精力和活力，更不可能拥有健康和长寿。相反，如果你的心理状态是年轻的，那么你身体里的每一个细胞都会不断地恢复活力和自我更新，你就不会再呈现衰老的迹象。如果你认为自己能健康长寿，你就一定会健康长寿！

培育积极的心态需要经常吸收精神营养，吸收精神营养的主要渠道是坚持学习。当有人问一位长寿者永葆青春的秘密时，他说："我的秘密是每天坚持学习一些新东西。"古希腊人也有同样的观点："永远年轻的秘密就是永远学习新的东西。"各种励志书籍、名人传记中包含有丰富的精神营养，所以要经常阅读（如每天坚持阅读一个小时），不断吸收精神营养，以加强积极心态的培养。

培养积极心态最简单有效的方法是自我暗示。每天你要对自己说："我很健康！我很快乐！我今天一定会比昨天更好！"如果你能以积极的心态来生活，你就能得到健全的思想和健康的身体。有了积极的心态之后，你就可以享受健康长寿的生活了。

但是，要牢牢记住，这个方法成败的关键全在于你对这句话的信仰程度，你的信仰程度越高，效果就越好。

（二）要有科学的饮食习惯

食物的功能在于供给我们活动所需要的能量，你的饮食习惯应该以此为唯一目标。

如果把消化系统想象成一座工厂，则为了要使它正常运转，必须供给它不同的原料。如果配料不当，则工厂很可能无法完成制造任务，或是制造出一些有瑕疵的产品，甚至有些原料会积存在各个角落，使工厂不堪重负。

根据饮食营养科学方面的知识，以下几点可帮助你达到饮食平衡：

（1）新鲜水果和蔬菜应该占所吃食物的最大比例，它们含有相当丰富的维生素和高效物质，而人体最容易吸收这些物质。

（2）你应该多吃的第二种食物就是碳水化合物，诸如面食、谷物和马铃薯等。

（3）蛋白质（如瘦肉、蛋、鱼和牛羊奶等）是非常重要的食品，但不宜吃得太多，每天吃适量即可。

（4）避免吃油性食物，控制动物油和其他食用油的食用量，并且拒绝油炸食物。同时，也应避免多吃糖，如糖果、可乐之类。

（5）你还应摄取各种不同的食物，如各种五谷杂粮，以供应身体的不同需要，不要偏食，应拒绝暴饮暴食等不当的饮食方法。

此外，切勿在生气、受到惊吓或担心时吃东西，因为当你处在紧张状态时，你的身体便无法充分吸收所吃食物的营养，只会使你越吃越胖。

除了注意食物的科学构成之外，养成良好的饮食习惯也非常重要。这里最重要的有三条：一是吃饭要定时定量。一般情况下，不要来回改变吃饭时间，每顿饭的食量不要忽多忽少。二是吃饭要细嚼慢咽。吃饭时不要囫囵吞枣，暴饮暴食，要细嚼慢咽。三是既不要吃得过饱，也不能吃得过少，吃到七分饱为最好。据报道，现代人们所患的疾病，50%以上都是由于营养过剩造成的，所以，千万不要吃得过饱。另外，有些人特别是年轻的女性，为了追求身材苗条，盲目节食减肥，致使营养不足，体力衰弱，精神不振，疾病不断，这不仅会影响正常的生活和工作，而且也难以健康长寿。

（三）要坚持劳动和运动

格言说得好："生命在于运动，动则生，不动则亡。"运动包括两个方面：一是身体要运动，否则，机能就会衰败，最后会完全消失；二是思想（即大脑）也要运动，否则，机能也会衰败，最后也会完全丧失，甚至会导致一种疾病——老年痴呆症。人的身体是由细胞组成的，细胞的生命是靠细胞不断分裂和增生来延续的，细胞一旦停止分裂和增生，细胞的生命就会死亡，人也会跟着死亡。促使细胞分裂的动力是"动"，"动"的形式有两种：一是劳动（既包括体力劳动，也包括脑力劳动），二是运动。劳动和运动是治愈很多慢性疾病的灵丹妙药，它会使人眼睛明亮，面色红润，肌肉结实，头脑敏锐，并使消化不良减少，使血液在全身循环，使脚步轻盈矫健，使人更健康、更长寿。所以，劳动和运动是健康长寿的主要推动力。

许多百岁老人都有一个共同点，即终生坚持劳动和运动。例如，北京的一对百岁老人就是很好的典型。丈夫叫吴图南，享年105岁，是吴氏太极拳的传人。早年学医，对多种学科均颇有研究，是考古、心理学教授。他博学多才，懂英、法、俄三种语言，通琴、管、笛多种乐器。夫人叫刘桂贞，享年103岁。夫妇两人八九十年间起居饮食很有规律，每天早、晚各打一次太极拳。退休之后，夫妇双双受聘于北京文史研究馆，继续工作，发挥自己的余热。

劳动和运动虽然都是"动"，但却并不等同。劳动由于受职业的限制，只能使身体的局部机能和系统得到活动，这种活动对身体的健康既有积极作用，也有消极作用，如各种职业病的产生就是证明。所以，劳动对健康虽然有益，但不能以劳动来代替体育运动。

体育运动的形式有很多，如打拳、打球、游泳、爬山、跑步、散步、武术等。这些形式不需要样样采用，可根据个人的身体状况和客观条件，选择一两项即可。体育运动能否收到好的成效，关键要做到两点：一是运动要适量。运动量并非越大越好，特别是中老年人，更应该注意适量。二是要持之以恒。不能"三天打鱼，两天晒网""一日曝之，十日寒之"，一定要持之以恒，终生坚持，才能收到好的效果。

（四）要注意劳逸结合

古人云："文武之道，一张一弛。""张"就是"劳"，"弛"就是"逸"。"逸"就是"休息"，休息的主要方式是放松和睡眠。

1. 放松

当你的意识选择一项目标作为你注意力集中的对象时，如编制工作计划、撰写学术论文、解决技术难题等，这就意味着你的内心已排除其他所有事情，只是围绕着这个既定目标在运转。然而，这样时间长了，人就会感到疲劳。如果此时你有意识地把自己的注意力从既定目标转向其他目标，如弹琴、唱歌、阅读小说或做任何其他能转移你注意力的事情，你就会很快克服疲劳，恢复体力和精力。放松并不是偷懒的表现，而是使你的思想始终保持在最佳状态的妙药，是一种积极的休息方式。

要真正达到放松的目的，需要讲求方式方法。有些事情，如长时间看电视、看电影、唱卡拉OK等，并不能使你实现真正的放松，反而会使你感到很疲累。实现放松的诀窍是培养多种不同的兴趣，以使你的思想能换换口味。例如，体力劳动者应培养用脑的兴趣，如读书、听讲演、进修深造等；脑力劳动者应加强体育活动，并交替、适当地参加一些体力劳动。每个人除了精通本专业之外，还要向一专多能的方向发展，并尽量培养多种兴趣，如音乐、舞蹈、美术、书法、园艺等。

2．睡眠

睡眠是最彻底的休息方式。人的一生大约有 1/3 的时间是在睡眠中度过的，希望用减少睡眠的方式来增加工作时间是最不明智的做法。这是因为，你的身体需要为第二天的活动"充电"，而"充电"的方式就是睡眠。如果拒绝睡眠，就断绝了第二天活动的动力源。

睡眠的敌人是失眠。失眠通常是由于在睡觉前无法放松自己而造成的。切勿一直干到筋疲力尽时才停止工作，更不要在睡觉前做会造成太大刺激的事情，如体育运动、情绪波动等。可以做一些睡觉前的准备工作，如刷牙、洗脚、铺床等，这些动作会传递一种信息给你的大脑，告诉它现在是睡觉的时候了。

（五）要发挥性和爱的推动力

性是人们最宝贵和最具有建设性的推动力，是所有创造力的支柱，并且是促使人类健康和进步的重要力量。性一旦和爱相结合，就会产生最强大、最有力的推动力量。它不仅能建立家庭、家族，而且能强有力地促进人的身心健康。

科学实验和人的生命史证明，性欲望和性机能是检验人体是否健壮的重要标准。凡是性欲望旺盛，性机能强健者，其体质必然健壮，并且容易长寿；相反，凡是性欲望消失，性机能衰败者，其体质必然衰弱，而且也很难长寿。如果能将性欲和爱情紧密结合，对人的健康长寿会产生更大的推动力量。

（六）要养成良好的性格和生活习惯

凡是长寿老人，一般都有良好的性格和生活习惯，这也是他们健康长寿的一个重要原因。良好的性格和生活习惯包括很多方面，与健康长寿关系密切的主要有：胸怀开阔，心情平静，活泼开朗，遇事不怒，戒烟戒酒，少荤多素，定时定量，吃七分饱，细嚼慢咽，清洁卫生，重视安全，少静多动，劳逸结合，言行有度，早睡早起，适当午休，坚持锻炼，持之以恒，等等。

性格和生活习惯是一种惯性力量，它一旦形成，就会长期发挥作用。好的性格和习惯会发挥积极作用，促进一个人健康长寿与事业成功；反之，坏的性格和习惯则会起到消极甚至破坏作用，不仅会葬送一个人的事业，而且会毁掉一个人的身体。所以，要想获得健康长寿和事业成功，就必须养成良好的性格和生活习惯。

（七）无病要预防，有病要早治

在人的一生中，由于外部原因（如环境变化、季节转换、昼夜交替、气温升降、病菌病毒传染等）和自身原因（如家庭遗传、疲劳过度、年龄增长、肌体老化、机能衰退、抵抗力减弱等），难免会染上各种疾病。在没有疾病时，要采取各种措施加以预防，力争把疾病消灭在萌芽时期；一旦得了病，就要尽早治疗，防止病情加重，争取早日康复。

成功实例

（一）周有光的长寿秘诀

周有光的一生很传奇。他学术跨界，49 岁转行却颇有建树；他爱情美满，娶了大名鼎鼎的九如巷张家的二女儿张允和；他笔耕不辍，106 岁还出版新书《朝闻道集》。

周有光百岁生日时，晚辈们为他制作了一本精美的纪念册，用大量珍贵照片勾勒出先生治学、生活的轨迹，恰当地注解了张允和曾经对他的美好祝福："有光一生，一生有光"。

说到自己的高龄时，周有光自我打趣说："上帝太忙，把我给忘了。"

一篇周氏版《陋室铭》，道出了他的长寿秘诀："山不在高，只要有葱郁的树林。水不在深，只要有洄游的鱼群。这是陋室，只要我唯物主义地快乐自寻。房间阴暗，更显得窗子明亮。书桌不平，更怪我伏案太勤。门槛破烂，偏多不速之客。地板跳舞，欢迎老友来临。卧室就是厨房，饮食方便。书橱兼作菜橱，菜有书香。喜听邻居的收音机送来音乐，爱看素不相识的朋友寄来文章。使尽吃奶气力，挤上电车，借此锻炼筋骨。为打公共电话，出门半里，顺便散步观光。仰望云天，宇宙是我的屋顶。遨游郊外，田野是我的花房。"

周有光年轻时得过肺结核，患过抑郁症。结婚时，家里的保姆悄悄拿着他们两人的"八字"去算命，算命先生说他活不到 35 岁。他不信，笑着说："我相信旧的走到尽头就会是新的开始。"

80 岁的时候，他决定让生命重新开始。把 80 岁当作 0 岁，由此递加计算年龄。92 岁那年，他收到一份贺卡，上面写着："祝贺 12 岁的老爷爷新春快乐！"至今提起，老先生还乐不可支。

他又说："我 97 岁去体检，医生不相信，以为我写错了年龄，给我改成了 79 岁。医生问我怎么这样健康？我说你是医生怎么问我啊？"

"很多人都问过我这个问题。以前我没有考虑过，但是后来思考了一些有道理的方面：好的心态对健康至关重要，人遇到不顺利的事情，不要失望，也不要让别人的错误惩罚自己。我的生活有规律，不乱吃东西。以前我在上海有一个顾问医生，他告诉我大多数人不是饿死而是吃死的，乱吃东西不利于健康，宴会上很多东西吃了就应该吐掉。还有一个有趣的事情，我有很多年的失眠症，不容易睡着。'文革'时期我被下放到农村，我的失眠症却治好了，一直到现在我都不再失眠。所以，我跟老伴都相信一句话：'塞翁失马，焉知非福？'遇到不顺利的事情，不要失望。有两句话我在'文革'的时候经常讲：'卒然临之而不惊，无故加之而不怒。'这是古人的至理名言，很有道理。季羡林写过《牛棚杂忆》，各种罪名，都不要生气，都不要惊慌。这就考验我们的涵养和功夫。我想，首先，生活要有规律，规律要科学化；第二，要有涵养，不要让别人的错误惩罚自己，要能够'卒然临之而不惊，无故加之而不怒'。"

后来，周有光总结了几条经验：

（1）不吸烟，不好酒，只喝一点啤酒。

（2）宴会上不随便吃东西，乱吃东西不利于健康，吃的还是要家常便饭。

（3）平时讲究卫生，天天洗澡洗头。

（4）乐观，坏事情里也能看到好事情。

（5）晚上 10 点左右睡觉，早上 7、8 点起床，睡眠很好。中午还要睡一下，生活比较有规律。

他在 108 岁时，还特意告诫人们说："上帝给我们一个大脑，不是用来吃饭的，是用来思考问题的，思考问题会让人身心年轻。"

他说："一天到晚无所事事，脑子也不动，没什么追求，不思考什么事，脑子就老化得快。即使有健康身体又有什么用啊？"

资料来源：曹可凡. 周有光的长寿秘诀［EB/OL］. 上观新闻，2016-01-13.

（二）109 岁郑集教授：百岁之年写完养生经

郑集出生于 1900 年，号礼宾，四川南溪刘家镇人，是我国著名的生物化学家，也是我国衰老生化研究学科的奠基人，还是我国生物化学和营养学研究的先导者之一。在 109 岁高龄时，他出了一本书，名叫《不老的技术：百岁教授养生经》。

郑集从小求知好学，但却一身疾病，一生坎坷，历经无数次生死考验，一生都在与病魔抗争：

1916年，他患上肺结核。

1961—1963年，他接受了三次剖腹手术，住院近一年半。

1997年，他失血1000多毫升，住院80天。

2001年，他摔断髋骨。

2004年，他因胃病住院4个多月，多次生命垂危。

然而，病魔和种种凶险环境不足以让郑集屈服。郑集百炼成钢，走过百年。

郑集教授酷爱学习，笔耕不辍，他74岁自学日语，百岁之年完成《鉴证长寿：百岁教授的养生经》一书。他在100岁以前还天天上班，暑假都不休息。正是由于他爱学习、爱动脑筋的习惯，使他活到了109岁。

郑教授认为，长寿的一个重要因素是要保持"思想开朗，乐观积极"。他每天的作息非常规律，能够坚持锻炼身体，饮食也完全符合营养学，且几十年来从不间断地补充多种维生素。

郑集教授不仅在推动我国营养生化科学发展方面贡献卓著，而且以其旺盛的精力、令人难以置信的敏锐思维以及良好的心态，鉴证了自身提出的长寿理论。

1961年，郑老重病时曾吟诗一首，自遣自警：

"有生即有死，生死自然律。彭古八百秋，蜉蝣仅朝夕。寿夭虽各殊，其死则为一。造物巧安排，人无能为力。勿求长生草，世无不死药。只应慎保健，摄生戒偏激。欲寡神自舒，心宽体常适。劳逸应适度，尤宜慎饮食。小病早求医，大病少焦急。来之即安之，自强应勿息。皈依自然律，天年当可必。"

他说："健康活着的人应当关心国家的复兴，为国家多做些贡献。我们应当记取：人生的价值在于奉献，而不在于获取。"

他一生恪守自创的"健康十诀"，乐观生活。具体内容是：

（1）思想开朗，乐观积极，情绪稳定。

（2）生活有规律。

（3）坚持体力劳动和体育锻炼。

（4）注意休息和睡眠。

（5）注意饮食卫生，切戒暴饮暴食。

（6）严戒烟，少喝酒。

（7）节制性欲和不良嗜好。

（8）不忽视小病。

（9）注意环境卫生，多同阳光和新鲜空气接触。

（10）注意劳动保护，防止意外伤害。

郑集说，乐观是十诀之首。要想健康长寿，首先要做到心平气和，笑口常开。其实，有一条可以概括郑集的长寿秘诀，那就是不要被病魔吓倒，相信自己的身体有自我修复的能力，在自己喜爱的事业中不停地工作，便能坦然地长命百岁。

资料来源：利平. 109岁教授百岁之年写完"养生经"[N]. 北京广播电视报，2009-02-26.

（三）廖静文的精神治疗法

1953年，徐悲鸿因突发脑出血撒手人寰，抛下了年仅30岁的廖静文和一双年幼的儿女。遭此巨大打击，廖静文深陷于悲痛的深渊难以自拔，整日以泪洗面，万念俱灰。从此，一向健壮的体质便垮了下来，冠心病、高血压、神经官能症等接踵而至，一时间诸病缠身，心力交瘁。白天，她常独自呆坐几小时一言不发；夜晚，她睁着眼睛躺在床上彻夜不眠，觉得自己就要崩溃了，说不定什么时候就会追随丈夫而去。但是她并没有住院治疗，也没有在家养病，还婉言谢绝了组织上为她安排的出国旅游散心计划。她想到应该立即动手把徐悲鸿德艺双馨的一生写出来，让热爱徐悲鸿的读者更真切、更具体地了解这位丹青大师的画品和人品。

说来也真奇怪，人一旦有了精神寄托，有了理想追求，便会走出悲痛，感到有了精神，病情大为减轻。她说："当这种写书的念头一经萌发，就深深地生了根。从那时起，我感到生活有了一个基石、一根支柱，精神上也为之一振。"为了撰写徐悲鸿传记，廖静文拖着孱弱的病体，去北京大学中文系深造。毕业后，她在担任徐悲鸿纪念馆馆长的同时，开始了艰苦的写作。入夜，铺开稿纸，奋笔疾书，有一夜她竟一口气写下36000字！因为有心脏病，她总担心随时会长眠在书案上，再也醒不过来。但精神的力量是强大的，足以令死神望而却步，廖静文没有倒下。经过十年的抱病笔耕，文学传记《徐悲鸿的一生》终于完成。

然而，打击又一次降临。在"文化大革命"中，廖静文身遭摧残，书稿被抄,十年辛苦付诸东流。但是,在那凄苦的漫漫长夜里,廖静文的精神支柱并没有坍塌,她心中始终记挂着那部倾注了全部爱的书稿。"文化大革命"结束后,书稿不归,廖静文重新提起笔,另起炉灶,重新构思。1982年8月,一部新创作的传记文学《徐悲鸿的一生》终于付梓问世了。而这时,廖静文已年届花甲。令人惊奇的是,62岁那年,廖静文去医院检查身体,医生告诉她,冠心病没有了。这真应了一句老话:"心病还需心药医",精神力量能创造奇迹。(编者按:精神治疗对疾病的治愈有一定的帮助,但也不应放弃正确的求医治疗)。

资料来源:韦德锐. 廖静文的"精神治疗"[J]. 科学养生,2004(1).

(四)张秀玉的健康座右铭——健康 96 字诀

1. 心态阳光,心情舒畅
2. 关心大事,眼光放长
3. 气不发怒,喜不张狂
4. 科学饮食,五谷杂粮
5. 少荤多素,搭配适当
6. 细嚼慢咽,定时少量
7. 戒烟限酒,锻炼经常
8. 既练身体,更练思想
9. 生活规律,劳逸适当
10. 注意卫生,勤换衣裳
11. 适当保养,防止受伤
12. 有病早治,无病预防

第十五讲

培养吸引人的个性

> **成功箴言**
>
> 你的个性是你最大的资产也是最大的负担,因为它接受了所有你能控制的东西:思想、身体和灵魂。个性塑造了你的思想、行为以及和他人的关系,它同时也围起了你在这个世界上的空间界线。
>
> ——拿破仑·希尔

> **原理与指南**
>
> 要想获得永续成功,就必须具有吸引人的个性。吸引人的个性就是令人喜爱的个性。那么,何谓个性?何谓令人喜爱的个性?各种个性之间的关系是什么?个性的最高追求是什么?下面就来探讨这些问题。

何谓个性

美国《成功》杂志的创办人、美国伟大的成功励志导师奥里森·马登博士在《个性是最伟大的力量》一文中,为了说明何谓个性,曾整段引用《亨利·德拉蒙德传记》[1]中的话:"当你遇到他的时候,你会发现他是一个举止优雅、衣着得体的绅士,修长的身材、轻盈的体态,走起路来脚步轻快而有节奏,脸上挂着灿烂的笑容,看上去没有一丝的忧愁感,也不知道什么是傲慢

---

[1] 马登. 高贵的个性[M]. 林小英,译. 上海:立信会计出版社,2012:153-155.

和羞怯。当你与他交谈的时候，你会发现，他对你谈的内容满怀兴趣。他会垂钓和射击，他还会溜冰，很少有人能够像他一样精通这么多运动项目；他经常打板球；为了看一场焰火表演或者一场足球赛，他不惜长途跋涉。每一次你遇到他时，他都会有新的故事、新的谜语或者新的笑话说给你听。在大街上，他拉着你去看两个送信的儿童的恶作剧。在火车上，他给你读他最喜欢的新故事。在雨天的一个乡村农舍里，他讲述了一种新的游戏，没过五分钟人们就争先恐后地开始玩这个游戏了。在儿童聚会上，孩子们为他巧妙的魔术手法大声喝彩。当他还是一个孩子时，就有着男人般的气质；但当他成为一个男人时，他还有着一颗孩子般的心灵。认识他的年轻人把他称为'王子'。在培养友谊方面，他有非凡的才能。"

另外，一个名叫马克拉仑的人也说："德拉蒙德对人的影响力，超过了任何其他一个我所认识的人。这是一种神奇的魔力。确切地说，其他人通过言语和行为来影响他们周围的人，然而他却通过活生生的个性一下子就把人给吸引住了。"

在引用了以上两段话后，马登设问：到底什么是个性呢？他说："个性是一个人区别于另一个人的所有优秀品质在他身上的一种独特的融合。"也就是说，个性是一个人和其他人所不同的地方的综合，如容貌、表情、声调、着装、知识和智慧、兴趣和爱好、心态、行为、性格、习惯、作风、品质等。所以，拿破仑·希尔说："个性是一个人的心理、精神及肉体特质和习惯的综合，是如何影响周围人们的一项可贵的资产，它决定一个人与别人不同，并且决定一个人是否为人喜爱或厌恶。"[1] 可见，个性有两种：一种是令人喜爱的个性，即吸引人的个性；另一种是令人厌恶的个性，即排斥人的个性。亨利·德拉蒙德的个性就是令人愉快、令人喜爱的个性，即吸引人的个性。毫无疑问，我们应该培养令人喜爱的个性，坚决抛弃令人厌恶的个性。那么，何谓令人喜爱的个性呢？

令人喜爱的个性

拿破仑·希尔经过大量研究后，明确地指出："要想达到永续成功的第三

---

[1] 希尔. 致富之道 [M]. 丁琪倩, 译. 海口：海南出版社，1999：250.

第十五讲 培养吸引人的个性

个步骤是培养具有吸引力的个性，即令人喜爱的个性，就是一种发展圆满的个性。为了达到这一目标，你必须改善以下所列的 25 种个性。"①

1. 积极的心态

积极的心态是吸引人的首要特质，是在任何情况下都应具备的正确心态。这种心态是由正面的性格因素构成的，如诚信、信心、正直、希望、乐观、勇气、进取心、慷慨、毅力、机智等。事实上，在十八项成功原则中，有许多原则都以积极的心态作为关键性的要素。积极的心态会影响你说话时的语气、姿势和脸部表情，它会修饰你说的每一句话，并且决定你的情绪感受，还会对你的思想产生影响。同时，积极的心态也是其他各种个性的构成要素，了解和应用其他个性，将会强化你的积极心态。

2. 保持弹性，随机应变

在迈向成功的路途中，绝不可能一帆风顺，一定会遇到各种突变、困难、挫折甚至暂时的失败。当遇到这种迅速变化的环境和紧急状况时，是惊慌失措，还是沉着应变，将影响事情的最终结果。"保持弹性，随机应变"就是要求你必须像变色龙一样，快速地适应你所处的环境。但是，这并不是说你可以放弃原则或是变更目标，而是应该像变色龙一样迅速改变自己身体的颜色，使自己适应所面临的状况，坚持正确的原则，实现既定的目标。

3. 对目标的真诚态度

没有任何事物可以取代你对实现明确目标的诚挚态度，你应将对目标的真诚态度表现在言行中，以使每一个人都能看到它的存在。如果你的表现不够真诚，就会立刻显现在你的言谈举止中，任何伪装技巧都无法掩盖心中的不真诚。如果你能对目标抱有真诚的态度，这一态度将会强化所有其他的个性。

4. 迅速做决定

做事情拖拖拉拉的人，是不会受人欢迎的。在这个变化迅速的世界里，那些做事慢吞吞的人，根本无法跟上时代的步伐。迅速做决定是一种习惯，然而，这种习惯需要依靠积极心态的支持，因为它会给你信心。你对目标的真诚态度，也有助于你迅速地做出决定。你越能明确目标的价值，就越能迅速抛弃令人混乱的意见，而选择那些能帮助目标实现的意见。

---

① 希尔. 成功之路[M]. 张书帆, 译. 海口：海南出版社, 1999：32.

当今时代，虽然到处都有机会，但机会却是稍纵即逝的。如果你不能迅速地做出决定，即使你已发现机会，机会还是会离你而去的。

5．注意礼节

世界上最廉价而又能得到最大效益的一项特质，就是礼节。它虽然是人类的一种自发性行为，但它的表现却让人更具有价值。礼节是在任何情况下都能尊重他人的感受，有意帮助弱者和不幸者，并自觉控制各种形式的个人主义、本位主义的良好习惯。

6．机智

做任何事情都有适当、不适当的时机，机智就是要在适当的时机做适当的事和说适当的话。机智和礼节有很密切的关系，一个人不可能只具备其中一种而缺少另一种。机智是一项无价的处世技巧，拥有机智的人才会讨人喜欢。

7．说话的语气

语气是我们表现自己的个性时最常用的一种方法。用不同的语气表现相同的句子时，所传达的意义会有所不同。当你以充满信心的语气说话时，你的积极心态和对目标的真诚态度也会同时表现出来；相反，如果你用忧郁动摇的语气说话，则你的消极心态和对目标的怀疑态度也必然会流露出来。

8．微笑的习惯

保持微笑可使你击败冷酷的对手，因为想要对微笑的人发怒是一件很不容易的事。要经常保持微笑，这个简单的动作可使人冷静，而且还能提醒你时时不忘保持积极的心态。

9．脸部表情

我们通常可以通过别人的脸部表情察觉其心里在想什么事情，并且我们也常常以此作为判断的基础。例如，有经验的销售员在这方面就有独到的功夫。你越能了解和控制脸部的表情，就越能解析别人的脸部表情，进而判断别人的心情，并根据别人的心情来控制自己的脸部表情，培养受人喜欢的个性。

10．宽容

宽容就是对那些在意见、习惯和信仰等方面与你不同的人，表现出耐心和光明正大态度的一种气质。宽容要求你敞开心胸去接受各种新观念和新信息，从中抓住对自己有利的新事物，并积极去了解它、研究它、接受它。你越缺乏宽容之心，就越会封闭自己，从而无法接触到多种多样的社会现象，阻碍心智和想象力的发展，妨碍正确的思考和推理，甚至使原本愿意和你做朋友的人变成敌人。

11. 幽默感

适当的幽默感有助于保持弹性，以及适应变化多端的生活环境，可使你在压力中放松自己，使你的生活不至于太严肃，并使你一直保有人情味，而不会变得冷酷、疏离、生气或苦恼，还会使微笑变得更加容易，从而增强你的积极心态。

12. 对无穷智慧的信心

在所有成功原则中，都包含有信心这个成分。那些对无穷智慧、对自己和他人有信心的人，会激发他人对自己产生信心。信心使我们看到了自己，以及居住在这个星球上的人的前景，这一前景使我们更能理解所有的人际关系。信心也可以带给我们克服世俗障碍，创造新的解决之道和新的成功方法的力量。信心的力量是取之不尽、用之不竭的，它是一种可以无止境地循环使用的资源，每个人都可以自由地取得它、运用它。

13. 正义感

正义感就是"有意的诚实"，它不仅是一种获得实质利益的工具，还能强化各种人际关系。它可以驱除贪婪和自私，并使你更能了解你的权益和责任，而所有其他个性也将因为有了正义感而更有力量。

14. 适当的措辞

正确使用文字的技巧是非常重要的，因为一般人通常都会以说话内容的好坏作为判断一个人的依据。如果你能以直接、清晰且通俗易懂的方式说话或写作，则所有其他的个性将会更快且效果更好地显现出来。

成功的人总是以细心和专注的精神来得到他们想得到的东西。所以，你的措辞必须能够精确地反映出这一特质，就好像一份良好的销售计划一样。切勿养成满嘴胡诌、肤浅或猥琐的说话习惯，你应该精确地使用文字，并使它们能清楚、明确地传达你想要表达的意思。

15. 生动的演说

生动的演说比恰当的用词造句更重要，结合坦白、适当的措辞和其他个性，将会使你成为一个具有坚定信念和说服力的沟通者与鼓动者。一场生动且具有激励作用的演说，对文明的发展方向具有相当大的影响力。

演说应以听众乐意接受的方式进行，否则就会招致失败。说话的语气应充满热忱、信心和力量，特别是诚挚的热忱，它是各种演说的核心要素，能使演说具有巨大的感染力。演说时应充分利用手势，演说的内容越短越好，说完你想说的话后就应立即停止。

16. 情绪的控制

在我们所做的事情当中，有许多都受到情绪的影响。积极的情绪会帮助我们实现目标，而消极的情绪则会产生阻碍作用。例如，当情绪失控时，你可能会突然说出或做出一些对自己和他人都造成重大伤害的话或事情。所以，为了达到成功的目标，你应该引导你的思想，注意控制你的情绪。

17. 对人感兴趣

不能注意行为的细节，以及周围发生的琐碎的事情，是人类常见的毛病。对和你共事的人保持高度的兴趣是非常重要的一件事，你可以探究他们的成功之道以及失败的原因。所以，必须能对任何人、事、地、物都保持兴趣，而且只要有必要，就应一直保持下去。如果你无法做到这一点，则其他的个性将一无用处。

18. 多才多艺

无论你对自己所从事的领域了解得多么透彻，如果你对这个世界没有广泛的兴趣，别人还是不认为你具有什么魅力。所以，应要求自己熟悉当代新发生的问题，并且在工作之余多培养一些嗜好，向一专多能、多才多艺的方向发展，这会大大拓展你的个性，对别人产生更大的吸引力。

19. 喜欢和人接触

人们天生就排斥那些不喜欢自己的人，但却会被那些对自己显露出诚挚热忱的人吸引。因此，如果你不能对他人保持兴趣、热忱、关心、爱心、尊重和宽容，对方也会本能地拒绝你。

20. 谦恭

在吸引人的个性中，绝对找不到傲慢、自大和本位主义的影子，但千万不要把谦恭和怯懦混为一谈。真正的谦恭，是懂得"即使是最伟大的人，也不过是整体中渺小的一分子"的道理。谦恭的人了解自己目前所取得的成就应该用来为众人谋福利，而不是作为话题来谈论。信心强的人总是有一颗谦恭的心，而这个特质永远都值得被人赞美。"虚心使人进步，骄傲使人落后"，这是一条永恒的真理。

21. 生动的表演技巧

这是前述各种个性混合后的结果：脸部表情、说话语气、恰当的遣词造句、生动的演说、情绪控制、礼节、多才多艺、幽默感和机智。将这些个性结合起来之后，你就能在任何必要的时刻吸引别人的注意。

这里所谓的"表演"，并不是指卖弄技巧，扮演小丑，说俏皮话——虽然这些特质同样会吸引别人的注意，但是却会使人感到厌烦——而是指有效且适度地运用前面所说的个性特质，并把它们结合起来，它会使你无论和一个人相处还是和一千个人相处都感到得心应手。

22．胜不骄、败不馁的精神

如果具备了胜不骄、败不馁的精神，则很快就会得到别人的尊重。这种精神是一种习惯，必须经过长期的奋斗实践才能养成。你在工作之余的嗜好是培养这一特质的良好机会，弹性、机智和谦恭也有助于你培养这一精神。同时，你应该要求自己无论在任何情况下都保持友善的态度，这样一来，别人将乐于与你共事。

23．结实有力的握手

有气无力的握手所传达的是轻视对方的态度，或者表现自己的软弱。当你在握手时，不妨说一些问候的话，语气应直接而且肯定，并在加强重要字眼时握紧对方的手，这会使对方把这一特质和你的整个个性联系在一起，增强对你的印象。

24．个人魅力

在现实生活中，常常会出现一对青年男女一见钟情的现象。两个人之所以会一见钟情，主要原因在于各自的自然条件对对方产生了一种强大的吸引力，这种吸引力就是个人魅力。如果你能正确地运用个人魅力，则它将会对你产生极大的帮助。你应该将你的个人魅力融入实际行为中，使你的行为成为吸引他人的力量，并运用你的个人魅力来培养你的热忱，展现你喜欢与人接触的特质，强化你待人处事的风格，改善你说话时的语气。同时，你还可以运用眼神、手势和姿势来体现并强化这一特质，使其成为吸引人的独有资本。

25．诚信

真正具有健全人格的人，必然具有诚实、守信的高尚品德，而且即使在对自己不利的情况下，也仍然会保持这一品德。诚信是一种精神上的特质，是一种美德，是做人的根本，它比人的其他品质更能深刻地表达人的内心。诚信与否会自然而然地体现在一个人的言行甚至脸上，让人立即就能感觉到。

诚信这一品德对人具有巨大的吸引力。因为任何人都不喜欢欺瞒、狡诈、不坦率、不诚实的人，做人狡猾且说话拐弯抹角的人是绝对不可靠的。如果你认为可以用前面所列举的各种个性来进行欺诈，那你就大错特错了。缺乏诚实、守信的品德，你的其他个性都将无法发挥作用。

以上 25 种个性既不是相互孤立的，也不是平起平坐的。一方面，它们是彼此联系、息息相关的。也就是说，改善了这方面的个性，也将有助于其他个性的改善。另一方面，它们是有主从之分的。其中，诚信是主，是统帅，是灵魂；其他是从，是兵，是肉体。所以，在培养吸引人的个性时，必须把诚信放在首位。若具备了诚信的品德，又养成了其他的个性，那就会如虎添翼，确保成功。

诚信是个性的最高追求

在中央电视台评选的 2002 年十位中国年度经济人物中，有一位女士引人注目，她就是中央财经大学的研究员刘姝威。刘姝威在 2001 年 12 月研究中国上市公司的资料时，发现蓝田股份公司已经是空壳，已经没有创造现金流量的能力，完全靠银行贷款维持运作。她发现这个情况以后，在《金融内参》上写了篇短文，提出要立即停止对蓝田股份公司发放贷款，因为她知道发放贷款收不回来。这篇短文刊登以后，她立即招来了四面八方的压力，甚至死亡威胁。后来她把这一情况向媒体公布，寻求社会支持。在媒体的声援下，她为维护公众利益进行了勇敢的斗争，并赢得了胜利。刘姝威之所以能被选为 2002 年度经济人物，就在于她拥有诚信这一宝贵品质。

当今时代，整个社会都在关注诚信，呼唤诚信，颂扬诚信，一旦失去诚信，后果可想而知。例如：

2001 年，由于南京冠生园"陈馅月饼"事件被揭露，全国 20 多家挂"冠生园"牌子的食品生产厂家几乎遭受灭顶之灾，有的甚至黯然退出了当地市场。据估算，当年全国月饼销量比往年同期锐减四成左右，整个行业的损失达 160 亿~200 亿元。

2002 年，曾是世界上最大的天然气交易商和最大的电力交易商，号称拥有世界上最杰出的董事会与公司治理结构的美国安然公司，因缺失诚信，瞬间便成了美国历史上崩溃最快的企业之一。声名赫赫的全球五大会计师事务所之一的安达信，也因陷入这一丑闻而在 89 岁高龄时寿终正寝。

与此相反，那些堪称百年老店的企业，总是把诚信放在最重要的位置。例如：

中国北京同仁堂（集团）有限责任公司之所以能历经 300 多年还蒸蒸日上，基业长青，就是因为它能长期坚持"同修仁德，济世养生""诚实经营，童叟无欺""炮制虽繁必不敢省人工，品味虽贵必不敢减物力"的企业宗旨和经营理念。

美国通用电气公司前 CEO 杰克·韦尔奇在其自传中强调了诚信的重要性。他说，我们没有警察，没有监狱，我们必须依靠我们员工的诚信，诚信是我们的第一道防线。而通用电气公司的市值之所以能在短短 20 年里猛增 30 多倍，排名由世界第十位跃至第二位，不能不说与重视诚信有莫大的关系。

对一个人来说，品格高尚应该成为最高的追求目标，而高尚品格的核心和灵魂就是诚信。如果做不到这一点，就不会得到任何人的信任，也不会有真正的朋友，更不会有其他任何成就。所以，诚信是一个人最重要的资本，是争取成功最重要的条件。

对一个社会来说，诚实守信是驱动发展的重要因素。如果我们所有的社会成员都诚实守信讲公德，讲社会责任，就不会有尔虞我诈，这个社会就会正常运作。企业是社会的细胞，如果企业健康，社会必定是健康的。企业要用自己良好的产品、良好的服务和良好的信誉回报社会，这就是在履行企业的社会责任。相反，如果企业进行不正当的经营，搞坑蒙拐骗，搞假冒伪劣，必然会损害公众和社会利益，而这样的企业最终必定身败名裂。

成功实例

（一）诚信是我的"圣经"

冯根生，1934 年生，14 岁进入著名国药号杭州胡庆余堂当学徒，曾担任中国（杭州）青春宝集团董事长。

冯根生说："诚信这个问题太重要了，说它是市场经济的基石，说它是做人做事的起码标准，一点也不过分。你想，要是基石垮了，标准没了，高楼大厦不就是跟着要塌吗？在现实生活中，如果假货、假话满天飞，如果说话不算数，签了合同却不认账，甚至法院判了他还逃还赖，那生意怎么做？这会害人、害己、害社会。"

"大家知道，胡庆余堂几乎屋屋有匾，但最重要的匾只有两块，一块就是'戒欺'，还有一块是'真不二价'。我个人认为，'戒欺'就是'诚信'，是胡庆余堂的'镇堂之宝'，也是我中药生涯54年、企业经营管理生涯30多年来所奉行的'圣经'。胡庆余堂能够在历史变幻中站稳脚跟，又能在它诞生130年后的今天重新焕发勃勃生机，很重要的一条就是靠诚信。熟悉我们青春宝和胡庆余堂发展史的人都知道，1996年青春宝集团兼并胡庆余堂时，胡庆余堂已经资不抵债了。当时，我开出了三个'药方'：擦亮牌子、转换机制、理清摊子。其中，我把擦亮牌子放在第一位。"

"擦亮牌子"的真正含义是讲诚信。当时，胡庆余堂的经营管理很混乱，由于种种原因，进的原料质次价高，受伤害的最后必然是消费者，根本无诚信可言。工人收入低甚至发不出工资，就想着法子弄来一些药品，竟然在胡庆余堂门口招揽顾客，说堂内卖的是假药，他卖的才是真药，堂内的则说外面卖的是假药。到底谁是假的，顾客都搞晕了。所谓"擦亮牌子"，就是要正本清源，通过加强管理、理顺关系来消除这些现象，恢复胡庆余堂"戒欺"的传统，恢复诚信。

"真不二价"是诚信的结果之一，也是诚信的基础之一。"真不二价"是挂在堂外给顾客看的，"戒欺"是挂在堂内给员工看的。因为做到了"戒欺"，做到了真材实料、工艺精湛，一分价钱一分货，所以不随便削价贱卖，从而实现"真不二价"。这就是"戒欺"和"真不二价"之间的逻辑关系。

冯根生指出："'青春宝'能热卖23年，的确奇特，但这是好事。你知道，为什么保健品走马灯似地换角？因为经过一段时间消费者的实践检验之后，发现原来不是真好，而是'广告做得好'，所以，就没了市场，自然就各领风骚三五年了。"

"'青春宝'是从100多张古方中精炼出来的，继承着'戒欺'的传统，经受住了时间的考验，否则，早被市场淘汰了。至于说到技术进步，这与药的特点有关。一般来说，一个药在上市前，要经过很多年的临床试验，一旦定下来，不能随便更改。这不是技术进步慢的表现。'青春宝'既有古方的基础，又有现代的药理试验。20多年前，为了检验'青春宝'的各种疗效，光各种试验动物就用了1万多只。现在，又经过20多年的实践检验，到底它是什么样的保健品，我不说你也知道。话回到'诚信'上来，我觉得'诚信'

第十五讲　培养吸引人的个性

是做出来的，不是说出来的。如果每个企业和经营者都以诚待人、以诚行事，真心诚意为消费者着想，消费者是不会亏待企业的。相反，你要是骗了一回消费者，就可能一辈子也翻不了身。这是我几十年经验的总结。"

冯根生强调："中国的酒文化里有一句叫'酒香不怕巷子深'，还有一句叫'好酒也需勤吆喝'。我认为，对任何一种消费品来说，要占领一定的市场份额，宣传促销是必不可少的手段。对产品的促销我们一直信奉'90%靠效果，10%靠宣传'。我们搞市场营销是以建立消费者对企业、对品牌的信赖度为目标的。青春宝抗衰老片从1978年问世以来至今已热销20多年，靠的就是它本身的质量和效果，靠的就是群众的口碑。事实证明，现代经济法则是不喜欢'标王'的。标王确实具有知名度，但那不是美誉度。有句古话叫：种瓜得瓜，种豆得豆。消费者是不能骗的。我的原则是'戒欺'。'戒欺'包括两个方面：一是质量不能欺骗，二是价格不能欺骗。万事替别人想想，站在别人的立场上看自己，一切都变得很简单，这就是我冯根生的经营之本。'青春宝'近几年才开始投入适量的广告，但这个广告费用与我们的销售额是远远不成正比的。二十几年中，'青春宝'的单位广告成本是目前中国保健品中最低的。"

资料来源：张彦宁. 创业英雄[M]. 北京：企业管理出版社，2003.

（二）诚信使周大虎从流浪汉变为亿万富翁

周大虎于1952年出生在温州，父亲是一位老革命。在父亲被打成"右派"、母亲下放到乡下邮电所之前，周大虎的童年、少年生活充满温馨和阳光。

家庭发生变故后，周大虎的生活一下子变得举步维艰。初中毕业后，周大虎到温州插队。由于乡下生活根本没有办法维持，1969年，17岁的周大虎跟随几个温州同乡，开始跑到外边去谋生。

"我最早是到了西安郊区，做钣金工。当时我没有全国粮票，吃饭是一个大问题，曾吃过一个月的柿饼。没想到的是，我们的包工队队长不久被抓回温州，以黑包工头的罪名给枪毙了。我也在西安被关了一个月。"

他被抓回温州后不久，迫于生计，又开始跑到江西、安徽、湖北等地流浪。1976年，周大虎顶替母亲进入温州邮电局工作，自此结束了他的流浪生涯，开始了每天打邮包的生活。"也许是因为自己以前的流浪经历，所以我分外在意这个工作。"回忆起当时，周大虎说他给自己定下的要求就是"扛邮包，我也要扛得比别人多，比别人好"。

第六篇　夯实成功的奠基石

早在1985年前后，温州就已经有人开始生产打火机。周大虎是温州打火机生产的后来者，他进入这一行是迫不得已。1991年，他的妻子所在的温州汽水厂破产，她领到了5000元的安置费。周大虎发现，做打火机比较方便，因为当时温州打火机的零部件生产厂家多，只要投入少量资金就可以生产出打火机。依靠这笔安置费，周大虎招了三五个工人，将自己40多平方米的家腾出一间做厂房。工作之余，他替妻子跑销售，结果发现打火机市场利润丰厚。于是，他在一年后干脆辞职。1992年，他租下一个200多平方米的简易厂房，招了100多个工人，开始正式创业。

就在他进入这个行业没多久，温州打火机市场进入了一个癫狂的状态。1993年上半年，温州的打火机厂家从原先的100~200家急速发展到3000家。当时，温州打火机每个只要10元，而日本、韩国这些国家生产的打火机要卖到300~500元。由于价格相差实在太大，所以温州到处是前来收购打火机的"老外"。令人难以相信的是，即使你发给"老外"的箱子里是石头，"老外"也会不管不顾地带走。

在市场如此火爆的情况下，周大虎却濒临破产。原因在于，温州不少打火机厂家抱着"快捞"的想法，生产劣质打火机。周大虎不肯糊弄客户，坚持产品质量，于是上游供应商拒绝给他供货，结果除了几个骨干外，100多个工人跑了个精光。

周大虎说："当时，按照我的质量标准，工人一天只能做150个打火机，而那些生产劣质打火机的厂家可以做到500个。工人的薪水是按件计算，所以在我那里工作，薪水少，没有吸引力。当时做一个打火机的利润大概有一块钱，我即使一分钱也不赚，也开不出高工资。这种情况同样存在于供应商方面。"

面对工厂陷入停产的困境，周大虎苦闷之极，在一个星期内，骑摩托车接连出了三次车祸。"我当年在邮电局开车也没出过什么事，接连出三次车祸，可以看出当时的压力真的很大。"

熟练工走了，周大虎决定招聘一批新的普通工，并对他们进行培训。"1993年上半年，我亏得很厉害，前两年的利润全给贴进去了。"

正当周大虎处境不利时，诚信最终发挥了作用。1993年下半年，吃够劣质产品苦头的外国商人开始将目光投向周大虎。周大虎由于诚实守信，他的订单一下子多了起来，原本一天的生产能力只有5000多只，却能够接到5万~6万只的订单。而原先的 3000 家打火机厂家因为产品劣质，名声扫地，如同秋风扫落叶，一下子倒闭了 90%。从此，周大虎成了这一产品的代言人。

除此以外，周大虎的个性特别好胜，"唯一是争，唯冠是夺"是他的座右铭。日本广田公司原先是日本最大的打火机厂家，在被温州同行打压得喘不过气来时，决定关闭日本的生产线，到温州进行贴牌生产。为了争取这个机会，周大虎表现最为积极。事实上，做贴牌生产比自己生产更麻烦。广田公司的要求极高，如果没有毅力和耐力，是很难坚持下来的。两年后，周大虎终于达到了广田公司的技术要求。

日本、韩国、美国等多个国家的厂商希望周大虎的工厂作为他们 100% 的定牌生产厂家，但是周大虎拒绝了。他始终坚持一条，不管在怎样的情况下，必须保证 70% 的产品打自己的"虎"牌商标，即定牌与自牌的比例为 3∶7。他说："必须要创自己的品牌。否则，打火机市场一有风吹草动，别人想什么时候停牌就什么时候停牌，我们只能被别人任意宰割。前些年我国的服装业在这方面吃了不少亏。现在，是我想什么时候停牌就什么时候停牌，这要看我怎么想。"

2003 年，温州打火机占全球打火机市场的八成左右，大虎打火机的年产量占全世界的 50% 左右，周大虎个人身价超过 3 亿多元。他坚信：只要自己有毅力和耐力，坚持到底，就一定会取得胜利，成为世界打火机大王！

资料来源：嘉诚. 温州商人胜过犹太商人[M]. 北京：人民日报出版社，2011.

第十六讲

培养良好的习惯

成功箴言

你必须控制你的习惯。如果你能养成积极的习惯,则它所种植的种子也将是积极的。如果你培养出消极习惯的话,则这些习惯所撒播的种子也将是消极的。

——拿破仑·希尔

原理与指南

每个人都因为自己所养成的习惯而成为与他人有所不同的个体。正所谓:

播下行为的种子,你就会收获习惯;

播下习惯的种子,你就会收获性格;

播下性格的种子,你就会收获一定的命运。

我们每个人都受到习惯的约束,当思想和经验重复的次数越多,习惯对我们的约束也就越深。习惯有好有坏,有许多习惯是你已知的,也有一些习惯是你所不知道的。本讲的目的在于帮助你审查自己的所有习惯,并告诉你改变坏习惯、培养好习惯的方法。为了达到这个目的,你首先必须了解并且运用一个宇宙原理,我把这个原理叫作"宇宙习惯力量"。

宇宙习惯力量

宇宙习惯力量是一种使所有生物和所有事物都臣服的力量。这个力量虽

第十六讲　培养良好的习惯

然眼睛看不见，耳朵听不到，手也摸不着，但它确实是不以任何人的意志为转移的客观存在。宇宙习惯力量可能对你有利，也可能对你不利，结果如何全视你的选择而定。

能证明宇宙习惯力量存在的最佳例子就是天体的运转。我们知道，各行星像时钟一样循环运行着，它们既不会撞在一起，也不会突然偏离轨道。复杂的地心引力和惯性作用使行星非常精确地运行着，从而使人类能够预测各行星的位置、日食和月食的时间以及流星雨的规律。显然，能够控制各天体准确无误循环运行的巨大无形力量，就是宇宙习惯力量。

所有生物和所有事物的运动都在宇宙习惯力量的影响之下，包括人类自身的运动在内。人类自身的运动是整个宇宙运动的一个组成部分，不管你的运动是自觉的，还是盲目的，都是在宇宙习惯力量的影响下进行的。人的运动首先表现为思想和行为，当思想和行为重复多次之后，就会逐渐形成习惯。同样，人的习惯也是看不见、听不到、摸不着的，但是，它也是一种客观存在，并且具有巨大的无形力量。

一种习惯一旦在脑中固定之后，这种习惯就会被宇宙习惯力量接收，从而自动驱使一个人采取行动。例如，如果你的心理习惯是贫穷、失败和疾病的话，宇宙习惯力量就会带给你贫穷、失败和疾病；如果你的心理习惯是富裕、成功和健康的话，宇宙习惯力量就会带给你富裕、成功和健康。所以，习惯带给你的效果是积极的还是消极的，全取决于你将培养何种习惯。

因此，你必须首先控制你的思想，进而控制你的行为，最终形成固定的习惯，然后反过来通过你的习惯，自然、轻松地控制你的思想和行为。

改掉坏习惯，培养好习惯

人的习惯一旦形成，就不仅具有相对的独立性，而且对思想和行为具有极大的反作用。这种反作用的性质视习惯的性质而定，即好的习惯起好的反作用，坏的习惯起坏的反作用。所以，我们必须改掉坏习惯，同时培养好习惯。那么，常见的坏习惯有哪些呢？

人们的坏习惯有很多，常见的主要有：毫无目标，安于贫穷，懒惰成性，无病呻吟，口头羡慕，只说不动，贪婪狂妄，极度虚荣，脾气暴躁，狭隘嫉妒，不诚实，搞报复，虐待狂，等等。如果不改掉这些坏习惯，它会带来很大的消极作用，甚至会产生破坏作用。

那么，我们应培养哪些好习惯呢？人们的好习惯有很多，在这里重点强调以下几种：

（一）明确目标

这是最重要的一种习惯，它可以使你更具有警觉心，更具有想象力、热忱和意志力。

（二）自信心

自信心不仅可以使你的内心充满积极的心态，排除所有消极影响因素和恐惧，还可以使你产生自律的习惯。

（三）个人进取心

你应该在别人尚未催促你时就主动把事情做好，拥有百折不挠的精神将使你更容易做到这一点。

（四）保持热忱

这里讲的热忱是指"受到控制的热忱"。你应以自愿的态度接受它，并在发现它的表现不适当或会给你带来危险时马上浇灭它。

（五）严于自律

这是一种循环过程，你运用它的次数越多，就越能拥有它。

（六）多付出一点点

你要立即开始做一些暂时没有回报的工作。在开始时，你可能需要强迫自己才能做到这一点，但是久而久之，这种自我要求就会变成一种习惯。

控制意志力，培养好习惯

培养能被宇宙习惯力量接收的好习惯，意志力有很大的帮助作用。意志力的来源是自尊心，它在人的思想中扮演着"最高法院"的角色，具有评判、推翻、修正、变更、剔除所有其他部分工作的权力。可见，没有自尊心，意志力的影响就会走偏方向；没有意志力，既难以改掉坏习惯，也难以培养好习惯。所以，培养良好习惯的核心，就是在捍卫你的自尊心的前提下，控制、强化你的意志力。以下是控制、强化意志力的步骤：

第一步：主动和那些能帮助你实现明确目标的人来往，组织智囊团创造诸多可供宇宙习惯力量遵循的模式。所谓"近朱者赤，近墨者黑"，说的就是这个道理。

第二步：制订你的计划，并从所有智囊团成员那里寻求知识、能力和他们的信心力量，借以充实自己、鼓舞自己。

第三步：宇宙习惯力量会使人完全受到周围环境的影响。所以，要与能使你产生自卑感的人和环境保持距离，因为在消极的环境中是不可能培养出意志力的。

第四步：要学会忘记过去，要切断和过去一切不愉快经历的联系。有坚强意志的人不应该老是抱着过去不忘，要时刻对尚未达到的目标抱有强烈的欲望，要有永不衰竭的活力。如果你的内心一直拥有这种强烈欲望的话，则宇宙习惯力量就会为你将这些强烈欲望转化成实质的等值利益。

第五步：利用一切可能的方法促使你内心充满明确的目标，如在墙上挂一些信条、格言，或挂一些你的榜样的照片等。你应在心中形成一种可实现目标的影像。这些影像越清晰，宇宙习惯力量就越能快速地接收它们，并且会更快地印在你的潜意识里。

第六步：切勿使你的自尊心膨胀，否则，就可能使你偏离想要达到的目标。

第七步：你必须马上行动，重复行动，多付出一点点。反复是习惯之母，它是形成习惯的一个决定性因素。只有在自尊心和意志力的驱使下，向着明确的目标坚持不懈地行动，才能改掉坏习惯，培养出好习惯，达到成功的目标。

成功实例

（一）本杰明·富兰克林如何培养良好的习惯？

本杰明·富兰克林具有作家、印刷商、政治家、外交家、财经家、教育家、发明家、哲学家、幽默大师、企业家等多重身份，尝试了各种事业，并在所有这些方面都取得了辉煌成就。他之所以能取得这么多的成就，得益于他崇高的道德和良好的习惯。而其崇高道德和良好习惯的形成，则源于他在22岁时制订的，并终身自觉遵守的"道德完善计划"和"自测簿"。

富兰克林在他的《自传》中写道："正是在这个时期（1728年），我构想出一个大胆而艰巨的计划用以达到道德完美。我希望今生今世不犯任何错误。

第六篇　夯实成功的奠基石

我决定要克服所有缺点，不管它们是由天生的性格、嗜好、习惯或是交友不善等所造成的。因为我知道或自以为知道什么是好，什么是坏。我想或许我可以一直做到只做好事，不做坏事。但是不久我就发现，我想做的比我想象的要难得多。正当我全力以赴克服某一缺点时，另一个又出乎意料地冒了出来。习惯利用了一时的疏忽，理智有时又不是嗜好的对手。后来，我终于决定，只是从理论上相信完美的品德对我有利还不足以防止我们因疏忽而犯的错误，我们必须打破坏的习惯，学会培养良好的习惯并使之确立起来，只有这样，我们的行动才有望始终如一地正确无误。为此目的，我又设想出了下述方法。我列出了当时我认为是值得和必须做到的十三种德行。在每一名目下我都附加了一则简短的戒律，充分表达了我对全部该名目所应用的范围的解释。"

其名目和相应的戒律如下：

一、节制

食不过饱。饮酒不醉。

二、少言

言必于人于己有益。避免无益的闲聊。

三、秩序

每样东西应放在一定的地方。每件事务应有一定的时限。

四、决心

当做必做。决定之事，持之不懈。

五、节俭

于人于己有利之事方可花费。勿浪费一切东西。

六、勤勉

勿浪费时间。时刻做些有用的事。杜绝一切不必要的行动。

七、诚实

不虚伪骗人。思想要公正纯洁，讲话也如此。

八、公正

不做有损他人的事。不要忘记你应尽的义务，做对人有益之事。

九、中庸

不走极端。容忍别人给予的伤害，将此视作应该承受之事。

十、清洁

力求身体、衣服和住所整洁。

十一、镇静

勿因小事、平常的或不可避免的事故而惊慌失措。

十二、节欲

为了健康或生育后代起见，不常行房事。切忌过度伤体，以免损害自己或他人的安宁与名誉。

十三、谦虚

效法耶稣和苏格拉底。

那么，如何实现以上名目的要求呢？

第一，一段时间集中试行一种美德。

富兰克林写道："我的目的在养成遵守这些美德的习惯。所以我认为最好不要立即全去试行，以免分散注意力，还是一段时间集中试行一种美德为好。当一种已养成习惯了，再进行下一种，直到我所做的能通过十三条为止。因为先获得了一些美德有利于培养其他美德，所以我就依次把这些按上面的顺序排列起来。第一点是节制，因为它使头脑冷静清醒。为了经常警惕旧习惯的不断进攻，抵制旧习惯的诱惑，这种清醒冷静是十分必要的。这一条养成以后，我就不难做到沉默寡言。我在改善道德修养的同时亦想取得知识，我想，在交谈中与其用嘴巴说，倒不如用耳朵听，希望借此事克服掉多嘴多舌、插科打诨的坏毛病——这种坏毛病只能使我与轻浮者为友。所以我把沉默寡言放在第二位。我在通过了这一条和下一条'秩序'后，估计我会有更多的时间用于计划和学习。'决心'的习惯一旦养成了，我就能坚决果断地致力于获得其余美德了。'勤勉'和'节俭'能使我还清剩下的债务，能让人富裕，尔后自主独立。这样也就更容易实行'公正'与'诚实'两项了，等等。"

第二，每日审查美德的试行结果。

他接着写道："按照毕达哥拉斯在其《金诗佳句》中的指教，我想每日审查是必不可少的。于是我又设想出下述方法用以审查自己。我做了一个小本子，每种美德分配一页。每页用红墨水划成七行，每星期的每一天占一行，每一行上标明一个字母表示星期几。再打上十三条红横线，并在每一横格的头上标明每一种美德的第一个字母。这样我在当天进行该项美德的自我审查时，若发现过失，就在表格的该栏目中标出一个小黑点，以做说明。"这个小本子就是他的"自测簿"，如下表所示：

表格式样

	星期日	星期一	星期二	星期三	星期四	星期五	星期六
节制							
少言	●	●		●		●	
秩序	●●	●	●		●	●	●
决心			●		●		
节俭		●		●			
勤勉			●				
诚实							
公正							
中庸							
清洁							
镇静							
节欲							
谦虚							

在这个表格的下面，他还加了一句题词：在此我要坚持到底！

第三，对每项美德依次用一周时间严格考察。

这样第一周只需严防有关节制的任何点滴过失。至于其他十二项仍让其像平时一样，只是每天晚上记下有关过失。如此下去，如果在第一周中能做到"节制"行中无黑点，就表明节制能力加强了。接着就可以大胆去试下面一项，争取在第二周内两行都无黑点。如此一直进行到最后一项，就可以在十三周内完成全部过程。

第四，一年循环四次，养成良好的习惯。

经过十三个星期的逐日检查，当你看到"自测簿"表格上的黑点在逐步被清除，最终看到一个干干净净的本子时，你就会为自己德行的进步而感到可喜可慰。但是，此时必须继续前进，决不能停步，更不能倒退。格言说得好："重复乃习惯之母。"一次循环十三周，一年可循环四次。经过几个循环，这些要求就会变成良好的习惯了。

资料来源：富兰克林. 富兰克林自传［M］. 史瑞林，宋勃生，译. 北京：国家行政学院出版社，1998.

（二）张秀玉的"雷打不动"与"二次创业"

我有两个"雷打不动"，一是每天坚持学习一个小时，以掌握最新的趋势、理论、知识和技能；二是每天散步两个小时（早上一个小时，晚饭后一个小时），持之以恒地锻炼身体，以保证能有一个健康的体魄，拥有充沛的体力和精力。

刚开始时，我很不习惯，每天还需要有意识地控制自己才能够做到。经过一段时间坚持，就逐步养成了习惯，现在已经习以为常了，如果一天不做就感到浑身不舒服。由于我坚持了两个"雷打不动"，所以我的观念比较超前，对新的趋势、理论、知识和技能具有较高的敏感性，比同龄人接受快，而且身心健康，体力和精力都很充沛。

因此，我总想利用人生中的黄金时期（60~70岁）进行"二次创业"，以充分实现自身的价值，为他人、为社会做出自己应有的贡献。

为此，我制订了一个"二次创业计划"。其主要内容如下：

第一，实施"百岁工程"，力争身心健康，长命百岁。

为此，就要调整心态，胸怀目标，均衡营养，加强锻炼，确保安全，适当保健，注意休息，遵循规律，养成习惯，持之以恒等。

第二，编著两本著作，成为该领域的著名专家。

（1）在北京大学出版社已出版的《企业战略管理》一书的基础上，再编著出版《中国式管理》一书，与《企业战略管理》构成"姊妹篇"。这是我的拳头产品，其作用主要是帮助组织和个人"做正确的事"。

（2）编著出版《中国成功学》一书，这是我的另一个拳头产品。这本书要力求做到将美国成功学的科学原理与中国的实际紧密结合起来，力争使它成为一本中国化的成功学著作。该产品的作用主要是帮助组织和个人"把正确的事做好、做到底，直到最后取得成功"。

第三，继续做好教学工作，重点是"企业战略管理""中国式管理"和"成功学"的教学工作。

第四，创办一个咨询公司，开展企业战略、经营管理和成功方法等方面的培训和咨询业务。公司的宗旨是：为客户提供最优的成功咨询服务，帮助组织和个人取得成功。

第五，帮助成功的中国优秀企业家总结经营管理经验，并帮助他们著书立说。

第六，与美国北美商务出版社合作，完成"当代中国系列丛书"（100本）的出版工作。

第十七讲

预算时间和金钱

> **成功箴言**
>
> 时间和金钱是两项宝贵的资源，在追求成功的人当中，很少有人会说他有太多的时间和金钱的。俗话说："浪费时间是一种罪行。"时间是你最宝贵的资产，如果你能正确地运用时间的话，它就会像银行里的钱一样有用。
>
> ——拿破仑·希尔

> **原理与指南**
>
> 时间和金钱是获取成功的宝贵资源，了解你运用时间和金钱的情形，有助于你评估追求成功的进展程度，以及分析阻止你前进的因素。一旦你能改善对时间的运用，你就能把精力放在管理金钱方面。

时间就是生命，时间就是金钱

"你热爱生命吗？那么别浪费时间，因为时间是组成生命的材料。"

"记住，时间就是金钱。假如说，一个每天能挣 10 个先令的人，玩了半天，或躺在沙发上消磨了半天，他以为他在娱乐上仅仅花了 6 个便士而已。不对！他还失掉了他本可以挣得的 5 个先令。……钱能生钱，而且它的子孙还会有更多的子孙。……谁杀死一头生仔的猪，那就是消灭了它的一切后裔，以至它的子孙万代。如果谁毁掉了 5 先令的钱，那就是毁掉了它所能产生的一切，也就是说，毁掉了一座英镑之山。"

这是美国著名思想家本杰明·富兰克林的一段名言，它通俗而又直接地阐述了这样一个道理：如果你想成功，你就必须重视时间的价值。

时间是一种特殊的资源，它既不能储存，也不能逆转，更不能再生，同时，它对任何人都一视同仁，毫不偏袒。时间对任何人都绝对公平：每天24个小时，人的生命就是由一天天的有限时间积累起来的。人的一生假如以80岁来计算，大约是70万个小时，其中能有比较充沛的精力进行工作的时间只有40年，大约35万个小时，除去睡眠和休息时间，大概还剩20万个小时。提高这段时间里的工作效率就等于延长生命。所以，谁要是浪费自己的时间，那就等于浪费自己的生命；谁要能有效地运用自己的时间，那就等于延长了自己的生命。显然，从这个角度谈，"效率就是生命"是无可非议的。

美国麻省理工学院曾经对3000名经理做过调查研究，发现凡是优秀的经理都能做到精于安排时间，使时间的浪费减少到最低限度。美国著名的管理大师彼得·德鲁克在其名著《有效的管理者》一书中说："认识你的时间，是每个人只要肯做就能做到的，这是一个人走向成功的有效的自由之路。"拿破仑·希尔也指出，成功与失败的界限往往在于怎样分配时间、怎样安排时间。

实干家与流浪汉

你对生活的态度决定了你对时间的态度，从这个角度来看，我们可以把人分成两种：一是实干家，二是流浪汉。下面分析这两种人的不同特点：

实干家
- 制定有明确的目标。
- 能适应环境和管理资源。
- 在接受或拒绝每项构想之前都先进行调查研究。
- 勇于冒险和承担责任。
- 善于从错误之中学习。
- 能多付出一点点。
- 能控制自己的习惯。
- 具有积极的心态。
- 能把信心应用到成功上。
- 组织智囊团以扩大自己的知识和经验。

- 了解自己的弱点并能改掉它。

流浪汉
- 生命中没有目标。
- 不适应环境并且不会管理资源。
- 让构想一个一个从身边溜走，只凭一时心血来潮或视别人的意见行事。
- 不会把握机会并且嫉妒别人的成就。
- 一再犯同样的错误。
- 只做一些可以勉强应付的工作。
- 受制于习惯。
- 具有消极的心态。
- 不采取任何可以改善情况的行动。
- 只从电视上得知他们想知道的事情。
- 不了解自己的弱点。

想想看：你是实干家，还是流浪汉？

预算你的时间

预算时间的目的，是将有限的时间加以科学的分配和安排，从而在既定的时间内做好既定的事。预算时间的内容主要包括以下几个方面：

（一）合理安排时间

合理安排时间的要求是：

1. 安排好一天的时间

我们每个人每天都有 24 小时可以支配，粗略的分配方式为：

（1）8 小时睡眠。在正常情况下，一天应该有 8 小时睡眠。你不应把过多的时间花在睡眠上，否则会有损你的健康。你也可能会偶尔从睡眠时间中偷一两个小时做别的事情，但这是一种不好的习惯，千万别养成这种习惯。

（2）8 小时工作。当你花另外 8 小时时间在工作上时，应该将你的全部心力集中在你的明确目标上，并展现你要多付出一点点的习惯。

（3）8 小时休息。最后 8 小时是你的休息时间，也叫休闲时间。这 8 小时虽然是你的休息时间，但是你仍然要小心支配。现实生活中，我们常常会不恰当地把这些时间花在处理家里的琐事或其他没有实际收获的事情上。

2. 安排好长期的时间

把一天的时间安排好，对于你的成功是很关键的，因为这样做可以保证你每时每刻集中精力，做好你应该做的事。另外，把一周、一个月、一个季度和一年的时间安排好，同样也是重要的，因为这样做能给你提供一个整体方向，使你看到自己的宏图，帮助你达到目标。

安排好长期时间的前提条件是，必须要有各个时期的明确目标和实现目标的工作计划或安排，包括年计划、季计划、月计划和周计划。安排长期时间的方法是制定工作进度表，并按照进度表去做工作。这样，就不会忘记某项任务或错过某项任务的完成时间。

（二）管好工作时间

预算时间的重点是管好工作时间。时间管理专家提出了很多管好工作时间的方法和技巧，这里重点介绍以下几个：

1. 分清工作的优先顺序

如下图所示，在一张纸上画出四栏，将工作分为四类，即"重要而且紧急的工作""重要但不紧急的工作""不重要但却紧急的工作""不重要也不紧急的工作"。然后将接下来要做的工作分别填入所属的栏内，并依次标明每项工作的处理日期和完成时间。

工作优先顺序表

重要而且紧急的工作（A）	重要但不紧急的工作（B）
不重要但却紧急的工作（C）	不重要也不紧急的工作（D）

2．每天制定一张重要工作先后表

每天下班前拿出一张纸，或者在日历上，将明天需要做的重要工作（五件左右）写上，并按重要和紧急程度排出先后顺序。第二天上班后，按照排列好的先后顺序一件一件去做。当你做第一件工作时，不要看其他工作，直到完成为止。然后再做第二件、第三件等，直到全部做完。这样，看起来虽然你一天只做了五件工作，但你做的却是最重要的工作。

3．写出你的目标

要想知道做事的优先顺序，最重要的就是要清楚所做的事是否能帮助你达到人生的某些重要目标。所以，管好时间的前提是，必须明确写出你的目标。

4．扔掉无用的纸张

在你的办公桌上通常会放着两种纸张：一种是有用的，另一种是无用的。你应该赶快把没有用的纸张丢掉，并且绝对不要在桌上再放任何没有用处的纸张。

5．处理文件资料的时间要尽可能少

如果可能的话，应该立即处理文件、阅读最新材料、签署授权书、写回函等。至于像报刊类的阅读资料，应留出特定的时间来阅读。

6．对一次处理不完的文件要做标记

如果有的文件无法一次处理完，则应在文件的上方角落点一个点，当再度处理该文件时，再点一个点。如此一来，你就可以清楚地了解分成几次来处理相同的文件，并可趁此机会做一番改进。

（三）善用休闲时间

在现实生活中，除睡眠时间外，工作常常会占满所有的时间（包括你的休闲时间）。但是，在人们的生活中，除了工作和睡眠之外，还有许多其他的重要事情。要做好这些重要事情，就必须下决心挪出一些时间。

依照下列方法分配时间，可以确保你能做好所有你应该做的重要事情：

（1）每天花一点时间安静地思考下列事项：

- 为明确的目标制订计划。
- 与无穷智慧进行沟通，并表达你对目前幸福的感激之情。
- 分析自己，确定你必须控制的恐惧心情，并且制订克服这些恐惧的计划。
- 寻找实现和谐关系的方法。
- 你希望得到的其他东西。

（2）每天花两个小时的时间，为你的社区、家人提供多付出一点点的服务，并且不要求回报。

（3）每天花一小时学习。

（4）每天花一小时和你的智囊团成员或你的亲密朋友接触，其余时间可用来休息、运动或做其他事情。

当你熟悉这些活动之后，便可将它们和其他事情有机地、和谐地结合在一起进行。每周以六天的时间按照上面的计划进行，到第七天时什么也不做，只是放松自己的身心，多陪陪家人，相信你会为你所做的事情感到高兴。

（四）巧用零星时间

预算时间的重点自然应放在较长的时间上，但是，对于那些零星的短时间也不应该忽略，因为零星的短时间可以积累成较长的时间。常用的利用零星时间的技巧主要有：

1. 善用等候与零碎时间

例如，当遇到排队等候等情况时，如果你身上带一本书，就可以随时进行学习。

2. 善用通勤时间

按照每天通勤时间为一小时计算，每年花在路上的时间也会有很多。如果能够在这些时间里看书、写东西、整理思路、听录音等，就能节省很多时间。但这样做的前提条件是：坐公交车或班车上下班，如果自己开车，代价就会更高。

3. "逆势操作"节省时间

"逆势操作"是买卖股票的术语，即用与大多数人不同的方法买卖股票。日常生活中有很多情况可以运用这一原则。将这一原则运用在时间管理上，就是当别人没有做某事时，你就去做。这样，可以节省许多拥挤、等候的时间。

预算你的金钱

关于如何管理金钱的书比比皆是，你可以找一两本看看。这里不再谈太多的细节，但还是要提醒你认识预算金钱的重要性，并顺便提几点原则性意见。

就像时间一样，金钱也必须为一个明确的目标而支出。你必须对你的所有开支都列出预算，并且运用你的自律功夫来切实遵守这个预算。制定预算的主要原则是：

（一）首先要还清自己的债务

光是贫穷本身就足以毁掉进取心，破坏自信心，毁掉希望，但如果在贫穷之上再加上债务，那么，这样的人就难以成功。一个被债务缠身的人，一定没有时间也没有心情去创造或实现理想。

（二）从所得中取出一部分作为储蓄

拿破仑·希尔指出，对所有的人来说，存钱是成功的基本条件之一，存钱纯粹是习惯的问题。养成储蓄的习惯，并不表示将会限制你的赚钱能力。正好相反，你在应用这项法则后，不仅会将你所赚的钱有系统地保存下来，使你拥有更大的机会，还会增强你的进取心、自信心、观察力、想象力和领导才能，真正增加你的赚钱能力。

（三）有计划、有重点地搞点投资

储蓄是一种很好的习惯，但储蓄的钱增值能力有限。要想使金钱获得较快、较大的增值，可以有计划、有重点地搞点投资，如创办企业、买卖股票和债券等。但需要注意的是，投资往往有风险，要加强学习，谨慎去干。

（四）为社会公益事业捐点钱

如果你赚了较多的钱，成了富豪，你可以回报社会公众，为社会公益事业捐点钱。在这方面，比尔·盖茨和李嘉诚等富豪都是典范。

成功实例

（一）鲁冠球的时间安排

1945 年 1 月，鲁冠球出生于浙江省萧山市（现为杭州市萧山区）宁围乡，15 岁辍学，做过锻工。1969 年 7 月，他带领 6 名农民，集资 4000 元，创办宁围公社农机厂。之后的 30 年，从铁匠铺到万向节厂，再到万向节总厂，最后到万向集团，企业易名 10 次，最终成为全国乡镇企业第一家、国家一级企业、国家 520 户重点企业之一和国务院 120 家试点企业集团之一。

1995 年，万向集团正式在美国芝加哥设立分公司，成为第一家把产品打入国际主机配套市场的中国企业，成为中国第一个为美国通用汽车公司提供零部件的定点生产商。另外，成功收购或参股了 19 家海外公司，揭开了大举向国际市场进军的序幕。

2001年，企业实现营业收入86.36亿元，利润7.06亿元，出口创汇1.78亿美元。在《福布斯》中国内地富豪榜上，鲁冠球位居第七，资产达到40亿元。30年勤奋拼搏，30年风雨历程，30年稳步增长，鲁冠球的企业家风范折服了不少业界精英，被誉为中国民营企业的"常青树"。

曾经有人问鲁冠球："现在企业家各领风骚三五年的情形太多了，而您办企业30多年，当模范20多年，不仅没有倒下去，反而是企业越办越好，您有什么秘诀呢？"

"在于为事业而生存的人生理念，"他说，"不工作就像有病一样，生命就没有被激活。"

鲁冠球经营企业的30年，就是不断学习的30年。

他仅读到初中就辍学务农，这使他对知识的渴求特别强烈。20世纪80年代，他在浙江大学报名参加了一个现代管理培训班。每周三他都从萧山赶到杭州上课，从不间断。在那个时代，能具有这种自学意识是很不容易的。

在日常生活中，他一直都抓紧时间学习。一天24个小时，他把1/3用来工作，1/3用来休息，另外1/3闲暇时间尽可能用来学习。多年来，他一直都是早晨6点钟起床，6点50分去公司上班，晚上6点45分回家吃饭，7点钟看《新闻联播》和《焦点访谈》，8点钟处理白天没有处理完的文件，9点钟开始读书、看报、看资料。到10点钟左右的时候，感到疲倦了就冲个澡，然后继续学习，12点钟上床休息。从这个作息安排里可以看出，他的业余时间几乎都用在了学习和工作上。他认为，提高决策能力，关键还是要多学习、多看书，"读万卷书，行万里路，交万人友，创万年业"。

鲁冠球说："人最大的敌人是自己，最难战胜的也是自己，控制人的物质欲望有利于磨练自己的意志。当企业家如果光会享乐，早上围着车子转，中午围着盘子转，晚上围着裙子转，企业家就不成为企业家，是败家。"他善于发现自己的不足，善于不断学习、不断完善。的确，21世纪是人才和知识竞争的时代，不善于学习，企业和个人就会被社会淘汰。

管理大师彼得·德鲁克指出："根据我的观察，有效的管理者不是从他们的任务开始，而是从掌握时间开始。他们并不以计划为起点；认清楚他们的时间用在什么地方才是起点。然后他们管理他们的时间，减少非生产性工作所占用的时间。最后，他们再将他们的'可自由运用的时间'，由零星而集中，成为连续性的时段。这三个步骤，是管理者的有效性的基础。有效的管理者最显著的特点，就是在于他们能够珍惜时间。"鲁冠球之所以能成为"常青树"，就是因为他是一个有效的管理者，能够珍惜时间。

资料来源：党宁. 中国富豪谈发家史［M］. 哈尔滨：哈尔滨出版社，2004.

（二）李嘉诚最疼"第三个儿子"

李嘉诚曾说，除了李泽钜和李泽楷两个儿子之外，他其实还有"第三个儿子"，而且这个"儿子"的财产，家里任何人都没有份，任何人都不可以动。

李嘉诚称，他是在一夜失眠后才感到自己有"第三个孩子"的。李嘉诚所说的"第三个孩子"，其实就是以他的名字命名的基金会。该基金会成立于1980年，李嘉诚借此完成其对教育、医疗、文化、公益事业进行更为系统的资助的愿望。历年来，捐款累计逾50亿港元，其中约七成通过李嘉诚基金会统筹资助，其余三成则在他的推动下由旗下企业集团捐出。李嘉诚笑称，现在很多事情都由他这个"儿子"来承担。他说，基金会捐出的50亿港元中，有4亿港元用于外国，另外46亿港元用于香港和内地。

李嘉诚透露，他的基金会以前本来没有固定的资金，每当需要捐款时，他才向基金会注资。但近年来为了基金会的长远发展考虑，他开始向基金会投入资金，并做长线投资，令资金产生经常收入，作为捐款的来源。他还计划按年将自己收入的一部分注入基金会，使基金会有更充裕的财政基础，可从事越来越多的教育、医疗、老人福利等公益事业。李嘉诚说，他也请了不少外界人士到基金会做事，在基金会里，捐资哪一个项目，不由一人说了算，而由董事会无记名投票决定。

虽然李嘉诚让他的儿子李泽钜和李泽楷与他一起冒商业风险，但是他对这"第三个儿子"却是呵护有加，不仅将自己的四成时间都花在这个"儿子"身上，而且还不让其冒一点风险。

至于为什么要成立基金会，李嘉诚说："我希望用自己的钱做有意义的事情，所以打算除留下足够的钱让下一代发展自己的事业，其余都用于社会。"

资料来源：春晓. 李嘉诚建言深港梦幻组合　老超人最疼"第三个儿子"［N］. 北京青年报，2003-09-30.

第十八讲 鼓励团队合作

成功箴言

团队合作是一种为达到既定目标所显现出来的自愿合作和协同努力的精神。若团队合作是出于自愿性的意愿时，则必将产生一股强大而且持久的力量。团队合作可调和团队成员的所有资源和才智，并且会自动地驱除所有不和谐和不公平现象，同时会给予那些诚心而且大公无私的奉献者适当的回报。

——拿破仑·希尔

原理与指南

要想达到目标，实现成功，团队合作是必不可少的。综观古今中外成就一番伟业的人物，无一不是善于凝聚人心，调动团队整体的力量。

何谓团队合作

团队合作是一种为达到既定目标所显现出来的自愿合作和协同努力的精神。它的形态很像智囊团，但与智囊团却有重大的区别。团队合作针对的是一个组织的全体成员，出发点在于调动团队成员中各方的努力，但这些努力未必都具有明确目标和相互间的和谐；而智囊团针对的则是直接参与咨询、策划、决策和领导的少数成员，并以这些成员之间的明确目标和相互和谐为重要因素，出发点在于充分激发全体成员的智慧，并将这种智慧汇集成一股实现目标的合力。

第十八讲　鼓励团队合作

虽然团队合作会产生力量，但这种力量的凝聚是一时的还是具有永久性，就必须视激发合作的动机而定了。若成员之间的合作是以自愿性的动机为基础的，那么，在这一动机消失之前，团队合作必然会产生持久性的力量。

真正的团队合作必须以别人"心甘情愿与你合作"为基础，而你也应该表现出你的合作动机，并对合作关系的任何变化抱着警觉的态度。团队合作是一种永无止境的过程，虽然合作的成败取决于各成员的态度，但是维系成员之间的合作关系却是你责无旁贷的工作。

团队合作的力量

在团队合作的过程中，每个人都能分享到他人"好的一面"，并将这些"好的一面"汇集成一股"团队力量"，最终保证团队目标的实现。所谓"团结就是力量"，讲的就是这个道理。具体来讲，团队合作的力量集中表现为以下两点：

（一）合作能形成结合的意志力

有篇寓言说：有一天，一位老人把十个儿子叫到面前，每人给了一根筷子，让他们折，结果，他们每个人都很轻易地折断了。然后，老人把十根筷子捆在一起，再让他们折，结果，谁也折不断。老人借此教育他们要团结，不要分裂。这样，才能形成一股力量，克服困难，保护自己，过好日子。这篇寓言几乎老幼皆知，其寓意就是团结起来力量大，合作能形成结合的意志力。

把每个人的意志力集合起来，形成一个共同的意志力，就是所谓"结合的意志力"。一个组织要想实现自己的目标，取得事业的成功，首先必须使组织中每个成员的意志力形成一个共同的意志力。如果每个成员"各吹各的号，各唱各的调"，你东我西，步伐不统一，则成功是绝对不可能的。"钢铁大王"安德鲁·卡耐基把他在钢铁业取得的巨额财富都归功于结合的意志力，即公司上下每个成员都基于一个明确的目标，各自奉献自己的经验和学识，共同开拓钢铁市场。而卡耐基的主要工作则是让他们通力合作，实现共同的目标。

（二）合作能产生新的更大的意志力

合作不仅能形成结合的意志力，而且能产生新的更大的意志力。"结合的意志力"只是单个意志力的总和,而"新的更大的意志力"则会远远超过单个意志力的总和。我们常说的"1＋1>2",讲的就是这个道理。

我们知道,人的大脑就好像电池一样,能量损耗之后,大脑就会萎缩,人就会变得无精打采,畏缩不前。这时,就必须要"充电"。充电有很多方法,最有效的方法就是与富有智慧、精力充沛的人经常接触,互相交流,互相充电。当两个以上的人同心协力、互相交流时,每个人都能够通过潜意识汲取其他成员的学识和能力。这种效果立竿见影,它能够激发出更多的智慧、更大的力量、更活泼的想象力和第六感。通过第六感,新的灵感就会浮现出来,并与你思考的主题自然结合。如果合作的整个团体专注于探讨共同的主题,灵感就会源源不断地涌现,好像有一种外在的助力。在这种情形下,大家的心就会像磁石一样,能吸引新的观念和思想,激发出新的智慧和力量,进而产生最大的意志力和凝聚力。

如何激发团队的合作精神

企业家最困难的工作,是让他的员工拥有凝聚力和向心力,互相合作。若能够做到这一点,必定是同行中的佼佼者。那么,如何激发团队的合作精神呢?

第一,确定你所需要的团队成员的特质。

要想激发团队的合作精神,前提条件是要先组织一个好的团队。好的团队绝不是随随便便凑合在一起的乌合之众,而是为实现一个共同的目标,按照必备的条件,经过严格的挑选而组织起来的精干团体。所以,确定团队成员的特质,组织一个好的团队,乃是激发团队合作精神的关键和起点。

团队成员的特质主要应考虑以下几个方面:

(1)忠诚。

(2)能力。

(3)积极的态度。

(4)多付出一点点的精神。

(5)信心。

(6)意志力。

第二,按照上述条件,挑选团队成员。这里要特别注意:一定要做到坚持条件，宁缺毋滥。

第三，你必须信任团队的所有成员，彼此之间要开诚布公，互相交心，做到心心相印，毫无保留。

第四，你要与团队的每一个成员紧密合作，直到整个团体都能紧密合作为止。

第五，分析每一个成员完成工作的动机，研究他们的迫切需要，针对他们的动机和需要，给予他们应得的利益，并且在不影响团队发展的前提下，尽可能让他们多得一点。

第六，明确集会的时间和地点，讨论计划，执行计划，否则就注定会失败。

第七，做好团队成员之间的沟通和协调工作，使整个团队像一台机器一样有条不紊地和谐运转。

第八，严于律己，以身作则。

只要能牢记以上原则，并坚定不移地贯彻执行，就没有做不到的事情，团队的合作精神就一定能激发出来。

成功实例

（一）广州利码公司老板的用人之道

人，是企业立足的根本，也是企业发展的根本。都说人才难找，我却一直认为人尽其才，则皆为人才。就小企业而言，规模虽小，但也五脏俱全。虽然不能像大企业那样每个部门都分得清清楚楚，但每个部门要做的事却还是少不了的，只不过经常是一人身兼多职罢了。有多少能耐就要发挥多少的能量，光靠一个人的能力恐怕是远远不够的。每个人都有长处也都有缺点，长处固然是好的，但缺点是很难避免的。如何在一个小企业发挥大家的长处、避开个人的缺点，是一个小企业用人的关键。小企业的生存与发展在很大程度上靠的是销售业绩，所以建立一个有团队精神的销售队伍是小企业用人的重中之重。

利码公司成立于 2002 年 7 月，公司成立之初仅有 3 个人。尽管系统开发做得不错，但由于是新公司，没有名气，所以起初 3 个月没有一个客户。在 2003 年经历了"非典"后，公司几乎成瘫痪状态。而仅仅半年之后，利码公司已经拥有100多个客户，近20名员工，业务覆盖了十几个省份。原来的老系统已经完成了升级，快速的发展使利码公司成为防伪行业的新星，而公司并没有追加1分钱的投资。很多朋友都问是什么让利码有这么大的变化，我告诉他们：利码公司的发展靠的是团队精神。

在"非典"时期，由于市场几乎处于停顿状态，公司有了充分的时间来考虑发展问题，每天大家就凑在一起研究前期混沌不前的原因，并针对每个步骤、每个细节找出解决方案。在市场开始恢复生机的时候，公司的制度已经逐步完善，从行政到财务，从宣传到推广，从生产到合作，从规划到发展，公司一步一步地稳中求胜，看似工作速度变慢了，但年底一结算，整个效率都得到了提升，而贯彻在整个工作中的就是一种团队精神。

团队精神，我认为就是所有人能够围绕在一个人的身边，像一个家庭一样能够互相理解、互相帮助，把个人的优点发挥出来，把个人的缺点逐渐弥补，使整个团队趋向于完美。

首先从招聘开始。我们聘用的员工不一定是能力最强的，但一定要认同我们的价值观念，一定要理解我们的创业想法，能够脚踏实地地从基层开始做。我们遇到很多人开口就是底薪3000元，另加各种补助。我说对不起，我很穷，我养不起你，不好意思，我只能给800元不让你饿着冻着，至于其他，要靠你自己。当时招聘经常是空手而归，但我还是坚持我的招人原则。我告诉他们，公司的精神是以真诚服务大众，我们的项目是帮助企业解决防伪问题，我们的目的就是让更多的消费者能轻松地识别产品真伪，赚钱是我们所付出艰辛的回报而不是人家欠我们的。如果你不能认同这个精神，即使你很有能力，即使你愿意800元来干，我也不接受。你要是能真的接受我们的思想，你要是真有为民服务的精神，你就肯定不会每月拿800元。你找不到客户，我会帮你分析；你做不出业绩，我会帮你分析；你完不成任务，我会帮你分析。防伪的需求很大，企业需要，消费者需要，政府也有很大的需求。我们的项目这么好，你用心做了，没道理做不好。现在，我们销售人员的月薪都达到好几千了。

招聘完了就是培训。首先是给新员工讲防伪这个行业的历史和现状，学习以前的防伪产品和现在的防伪产品，让新员工逐渐进入这个行业。接着我让四个老员工分别带新员工一个礼拜，新员工从配合老员工的工作开始，找资料、做助手，看看老员工是怎么工作的。新员工每跟完一个老员工就写一

第十八讲 鼓励团队合作

个总结，表达对我们工作的看法和对老员工的个人看法，并且必须写出三个优点和三个缺点。老员工也必须给我一个汇报，表达对这个新员工的看法。这样每个人都带完了，新员工熟悉了整个团队，而所有人对这个新员工也有了初步的了解。最后我开会让大家举手表决这个人是不是合适，如果大家都通过，那么这个人就可以成为正式员工。谁认为不合适，我就让谁再带他一个礼拜，一个礼拜后再问合适不合适。如果还不合适，那就证明这个人不适合我们，我就给他多结算一个月工资。这样一来，每个人都能很好地相处，每个人都了解对方的优点和缺点，而且能够明白这个缺点该怎么改正。虽然这样公司发展速度慢了，但我们的根扎得很稳。

接着是实习。我让这个新员工从老员工中选择一个师傅，用一个月时间学习，一个月后进行考核。考核有两部分：文字和语言表达。文字考核要求写出企业文化、企业精神等公司文化内容以及对公司发展的看法和自己的心得体会；语言表达就是说出对公司和客户的了解，且必须达到一个水平。如果达不到要求，这就是师傅的问题，那么他就得再实习一个月，不过我不给工资，工资要由师傅出，因为这个徒弟是你认可的，你认可了就有责任带出来，不然就得你给工资。所以，我的员工成长都很快，感情也都很好。

然后开始正式上班。我不要求你第一个月就出单，但你必须完成每个月拜访客户的任务，这个技巧师傅应该教过你。我定的任务不高，肯定是能完成的，如果完不成只有一个原因，就是你不努力。第一个月当师傅的还要起督促作用，完不成我发两个月工资，你走人，多出的那个月工资从师傅身上扣，因为那是他的失职。不过我的员工都很棒，最迟的也没超过半个月就都出单了。

日常我会要求每个周末都开一次例会，总结本周的工作，不过很短，有问题就说，没问题就散会，有点像古代的早朝，有事奏来无事退朝。不过你这次不说，下次就没机会了，等我发现问题就是失职。每个人身边都要有个小本子，发现问题就要立刻写上去，我每个周末都要检查一下。所以，我们的问题越来越少，能解决的立刻就解决了。

每个月要开一次月会。每个月的月会是不能简单应付的，发工资那天就是开会，先开会再拿工资，其他什么事都不要做。会议主要用来沟通，销售经验必须交流，每个单子的签单过程都要说明白，这样一来就可以促进大家交流销售经验，增加技巧，增强整体实力。此外，就是对这个月提出的建议进行评价，每个人都对每条建议进行打分，不同的分给予不同的奖励，这个奖励从100元到500元不等。奖励的一半由公司出，另一半由其他所有员工承担，因为这个建议不仅仅公司得利，每个人都得利，所以每个人都应该很高兴提一些建议。建议包括公司的每个细节，财务也好，人事也好，宣传也好，开发也好，什么都可以。交流完了，一起吃饭，公司买单，然后早点回家写本月总结。内容包括个人心得、对销售的认识、对同事的建议、对公司的建议，第二天早上给我。这样一来，每个人成长都很快，可以在很短时间内学到很多东西。

因为公司小，所以很多事都是一个人扛着，而且必须要了解下面的想法，不然没法搞预算，也不知道公司现在的弱点是什么，什么时候需要加强宣传，哪些方面需要完善，就更不用说开拓更大市场的事情了。所有的事情都公开化，每个员工都可以提出搞宣传、搞合作的想法，开会的时候一起表决，只要你能做到，而大家都认为可行，那么就放手让你做。如果做错了，公司承担一半，其他的大家承担；如果成功了，公司获取一部分，其他的一部分由建议人获得，最后的一部分由所有人平分。所以，每个人都很积极。

当然，奖励和惩罚是不能分开的。我认为任何影响团队凝聚力的事情都是不可容忍的，这方面我很严厉，像抢客户、偷窃他人资料等现象，一旦发现立刻开除。我这儿没有其他的惩罚，就是开除，只要有半数通过立刻执行。一粒老鼠屎可以坏一锅粥，这是肯定的事，所以必须狠心。

现在公司不用担心基本的收入，只需要把心思放在系统开发和市场开拓上来。小公司不能和大公司比，玩不起，还是稳点的好。工作上有了安排就要注意员工个人的问题，很多员工不是本地人，所以尽量帮他们把房子租得近一点。很多都是单身，所以经常搞个活动什么的，要知道一个人在外面难免会感到寂寞孤独，公司组织一下，既增加了感情交流，又排解了工作压力，还可以避免不必要的其他事情发生。

创业找项目并不难，难的是如何将这个项目执行起来。还是那句话，小公司和大公司不一样，玩不起。管理不能光靠制度，必须人性化。团队精神是整个的支柱。当然每个公司都有自己的特殊地方，如何发挥好小公司的团队精神只是大方向，细节还是要根据自身的情况来具体安排。

资料来源：策雅．一个小企业老板的用人之道：团队精神［EB/OL］．慧聪网，2004-02-28.

（二）马化腾和他的五人创业团队

这是一个难得的兄弟创业故事，其理性堪称标本。

多年前，马化腾与他的同学张志东"合资"注册了深圳腾讯计算机系统有限公司。之后又吸纳了三位股东：曾李青、许晨晔、陈一丹。这五个创始人的 QQ 号，据说是从 10001 到 10005。为避免彼此争夺权力，马化腾在创立腾讯之初就和四个伙伴约定清楚：各展所长，各管一摊。马化腾是 CEO（首席执行官），张志东是 CTO（首席技术官），曾李青是 COO（首席运营官），许晨晔是 CIO（首席信息官），陈一丹是 CAO（首席行政官）。

之所以将腾讯的创业五兄弟称为"难得"，是因为直到 2005 年的时候，这五人的创始团队还基本保持这样的合作阵型，不离不弃。即使腾讯做到如今的帝国局面，其中四个还在公司一线，只有 COO 曾李青挂着终身顾问的虚职而退休。

都说一山不容二虎，尤其是在企业迅速壮大的过程中，要保持创始人团队的稳定合作尤其不容易。在这个背后，工程师出身的马化腾一开始对于合作框架的理性设计功不可没。

从股份构成来看，五个人一共凑了 50 万元，其中马化腾出了 23.75 万元，占了 47.5% 的股份；张志东出了 10 万元，占 20% 的股份；曾李青出了 6.25 万元，占 12.5% 的股份；其他两人各出 5 万元，各占 10% 的股份。

虽然主要资金都由马化腾所出，但他却自愿把所占的股份降到一半以下，即 47.5%。"要他们的总和比我多一点点，不要形成一种垄断、独裁的局面。"而同时，他自己又一定要出主要的资金，占大股。"如果没有一个主心骨，股份大家平分，到时候也肯定会出问题，同样完蛋。"

保持稳定的另一个关键因素，就在于搭档之间的"合理组合"。

据《中国互联网史》作者林军回忆说："马化腾非常聪明，但非常固执，注重用户体验，愿意从普通用户的角度去看产品。张志东是脑袋非常活跃，对技术很沉迷的一个人。马化腾技术上也非常好，但是他的长处是能够把很多事情简单化，而张志东更多是把一个事情做得完美化。"

许晨晔和马化腾、张志东同为深圳大学计算机系的同学，他是一个非常随和，有自己的观点，但不轻易表达的人，是有名的"好好先生"。而陈一丹是马化腾在深圳中学时的同学，后来也就读深圳大学，他十分严谨，同时又是一个非常张扬的人，能在不同的状态下激起大家的激情。

如果说其他几位合作者都只是"搭档级人物"的话，那么只有曾李青是腾讯五个创始人中最好玩、最开放、最具激情和感召力的一个，与温和的马化腾、爱好技术的张志东相比，是另一个类型。其大开大合的性格，也比马化腾更具攻击性，更像拿主意的人。不过，或许正是这一点，导致他最早脱离了团队，单独创业。

后来，马化腾在接受多家媒体的联合采访时承认，他最开始也考虑过和张志东、曾李青三个人均分股份的方法，但最后还是采取了五人创业团队。即便后来有人想加钱，占更大的股份，马化腾也说不行，"根据我对你能力的判断，你不适合拿更多的股份"。因为在马化腾看来，未来的潜力要与应有的股份匹配，不匹配就要出问题。如果拿大股的不干事，干事的股份又少，矛盾就会产生。

当然，经过几次稀释，最后他们上市所持有的股份比例只有当初的 1/3，但即便是这样，他们每个人的身价都还是达到了数十亿元人民币，是一个皆大欢喜的结局。

可以说，在中国的民营企业中，能够像马化腾这样，既包容又拉拢，选择性格不同、各有特长的人组成一个创业团队，并在成功开拓局面后还能保持长期默契合作的十分少见。而马化腾的成功之处，在于从一开始就很好地设计了创业团队的责、权、利。能力越大，责任越大，权力越大，收益也就越大。

资料来源：佚名. 马化腾和他的5人创业团队合伙创业的故事［EB/OL］. 东方企业家，2015-01-09.

寄语篇

克服恐惧，走向成功

拿破仑·希尔告诫我们："恐惧是成功最大的阻碍。时常，人们为了求安定，而让恐惧左右他们所有的决策和行动。恐惧只不过是心智的状态。人的心智状态是可以控制、可以导向的。"

在你将本书中的任何一项原则运用于争取成功的实践之前，你的心中必须先做好接受这一套成功哲学的准备工作。准备工作的核心，就是首先克服人类最大、最凶恶的敌人——恐惧。这是你走向成功、达到目标的第一步。

何谓恐惧

什么是恐惧？它的根源是什么？其实，恐惧纯粹是一种心理现象，是一种对无法预见又无法妥善处理的灾难的臆想，是我们想象中的一个妖魔鬼怪。除此之外，它什么都不是。它的根源在于我们的无知。如果我们受过正规的教育或培训，视野开阔，知识渊博，并始终处于头脑清醒的状态，那么恐惧对我们就没有任何力量。然而，在现实生活中，恐惧不仅无处不在，而且其形态多种多样。

恐惧的基本形态

有一家杂志社采访了 2500 人后发现，他们总共有 7000 多种不同的恐惧。但是，对人们危害最大、最严重的恐惧主要有六种。具体如下：

（一）害怕贫穷

害怕贫穷虽然只是一种心态，但它却足以摧毁一个人在任何行业有所成就的机会。害怕贫穷无疑是恐惧的六大基本形态中最具毁灭性的一种。没有任何事物能像贫穷这样，让人历经折磨，饱受委屈。俗话说"饱汉不知饿汉饥"，只有体验过贫穷滋味的人，才能完全领会其中的辛酸。

（二）害怕批评

害怕批评的人往往缺乏确切表达个人看法的能力，习惯于回避话题，未经审慎思考就轻易同意他人的看法。害怕批评与害怕贫穷一样普遍存在，其对于个人发展的负面影响与害怕贫穷一样致命。它使人失去动机，毁掉人的意志力、想象力，限制人的个性，令人丧失自信、自重，并且以其他各种方式伤害他人。

（三）害怕失去爱

在这里，害怕失去爱特指害怕失去某人的爱情。这种恐惧的主要表现是：

（1）嫉妒。习惯于疑神疑鬼，草木皆兵，毫无真凭实据地猜忌自己所爱的人，毫无理由地指控对方不忠。

（2）挑剔。习惯于在所爱之人极微小的冒犯之下，或根本没有任何理由的情况下，找所爱之人的麻烦，无休无止地搬弄是非。

（3）赌博。相信用金钱可以买到爱情，打肿脸充胖子，买礼物送给所爱之人。为了搞到金钱，不惜诈骗、偷盗和赌博。

害怕失去爱对人身心的毒害较其他恐惧更为厉害。人所共知，爱情上的挫折远比事业上的挫折对人的打击更为厉害。

（四）害怕生病

害怕生病和害怕年老、害怕死亡的恐惧息息相关，但具体表现各不相同。害怕生病的主要表现形式是疑心病。

疑心病（即想象自己有病）的患者习惯于谈论疾病，总是想象着那些可怕的症状，每天都集中心力于疾病上，想象会因此失去个人的魅力，随之而来的是无穷的痛苦和折磨，直到精神彻底崩溃。由于总是怀疑自己有病，久而久之就会影响食欲，造成营养不良，从而降低身体的抵抗能力，这恰恰给他们所担心的那些疾病以可乘之机。

有一位名医估计，在所有找医生看病的人中，大约有75%都是源于疑心病。即使在最没有理由生病的部位，只要你总是害怕生病，就往往会真的生病，这已为众多的病例所证实。这种病无药可救，因为此病来源于消极的心态，只有积极的心态才能治疗。

（五）害怕年老

对年老的恐惧会使你的步调变慢，并且会使你产生自卑感。无论你多大年龄，这种恐惧都会使你相信你已经让机会溜走，而且你的最好岁月已经离你而去。

你生命中的每一段岁月都为你带来无价的宝贵经验，你应该衷心感谢你在人生岁月中所得到的智慧和能力。人类历史中大部分的成就都是那些历经岁月洗礼的智者创造出来的。

克服这项恐惧的最好方法，就是把它踩在脚下并嘲笑它："滚出去，你这个老东西，别再来烦我！我不需要你！滚出去！"每当出现害怕年老的念头时，你不妨这样试试看，这会保护你免受这种恐惧的伤害。

（六）害怕死亡

害怕死亡是所有恐惧中最残酷的一种。不管你的信仰是什么，死亡都是绝对无法逃避的。由于它是不能改变的普遍存在，所以要驱除对死亡的恐惧是相当困难的。

事实上，对死亡的恐惧比任何其他恐惧更会使你停止努力。当一个人一直处于人必然死亡的阴影下时，就会很容易感到所有的行动都是徒劳无益的，所有的努力都没有意义。

这种想法忽略了一个基本事实：你生命中的每一刻都是有价值的，你的行动能取得远远超过你目前状况的正面效果。即使你的生命即将终止，但你所爱的人以及那些你不认识的人的生命却未结束，你的努力正是你对人类普遍幸福所做的贡献。

要知道，死亡是谁也逃脱不了的结果，所以，对它感到害怕是毫无意义的。既然死亡无法避免，不如干脆接受这一事实。只有最愚蠢的人才会整天去担心无法避免的事情。这就是克服死亡恐惧的方法。

恐惧是人类的大敌

恐惧是人类最大的敌人。不安、忧虑、嫉妒、烦恼、愤怒、胆怯等都是变相的恐惧。恐惧会剥夺人的快乐，使许多人变为懦夫，使许多人遭受失败，使许多人陷入卑微的境地。

恐惧足以摧毁一个人的勇气和创造力。它会破坏一个人的志向，毁灭一个人的个性，毁灭一个人的自信，使他的心灵变得忧郁和软弱，从而不敢开始做任何事情。遇事便产生恐惧、在工作上受恐惧心理支配、凡事都有不祥预感的人，其工作效率一定很低。从古到今，恐惧这个恶魔破坏了无数人的事业。

恐惧具有使人的生命枯萎的力量。恐惧的力量能在很短时间改变血液的循环和其他一些分泌物的产生，使体内发生生理和化学变化，甚至导致在几个小时或一夜之间头发变白，容貌苍老，行走艰难。任何让我们觉得快乐的东西，都能使我们产生一种兴奋愉悦的感觉，使毛细血管松弛，从而让血液循环流畅；而那些让我们觉得压抑、痛苦、忧伤、焦虑的东西，则能使血管紧缩，从而阻碍血液的循环，这就是受到惊吓后人的脸色通常都会变得雪白的原因。

恐惧能对神经系统造成重大的影响。当感到恐惧或面临突然的打击时，有人会突然神经痉挛，或者中风瘫痪，甚至突然死亡。

恐惧会减少人的寿命。它能使人贫血，减少身体和精神上的生命力。它会破坏生理上的平衡，减弱人体的生理机能。在恐惧之后，身体中的血液会立刻改变其化学成分，无形中对身体产生极其不利的影响。容易产生恐惧的人，往往容易衰老，甚至导致提前死亡。

消除恐惧的解药

恐惧的巨大破坏作用往往是通过一个人的想象力得以实现的，因为人们总是不停地想象各种各样可怕的事情。所以，对于消除恐惧来说，人们精神上的天然解药是最有效的。那么，这些解药是什么呢？那就是勇敢的精神、坚定的信念、积极的心态和乐观的性格。不要等到恐惧的思想已深深地侵入你的脑髓后才去用解药。一旦你事先用勇敢的精神、坚定的信念、积极的心态和乐观的性格充满你的头脑，恐惧的思想就无法侵入了。

首先，要有勇敢的精神，简言之，就是要有勇气。

"狭路相逢勇者胜。"恐惧是人类的大敌，我们要想战胜恐惧，首先要敢于藐视它，要在精神上压倒它。世界上许多人的失败，其原因首先就是缺乏勇气。相反，在勇敢者、坚毅者的面前，任何困难和障碍都阻挡不了他们前进的步伐。

那么，什么是勇气呢？勇气是产生于人的意识深处的对自我力量的确信，是对自己的能力能压倒一切的信念，是相信自己可以面对一切紧急状况、处理一切障碍，并能控制任何局面。

在一个人的个性因素中，勇气是一种合成品质。勇气不是指处理一件事情的能力本身，而是指对待这件事情的态度，而正是这种态度在很多情况下决定了成败。各行各业中的佼佼者与平庸者之间的分界线，就在于这些佼佼者都曾经做过或者正在做一些在常人看来是不可能的事情。

因此，无论发生什么事情，都不要灰心丧气，随波逐流，而要永远相信自己，面带微笑，去勇敢地面对一切。

其次，要有坚定的信念。

无论你需要什么，首先要对其拥有信念。不要问怎么办、为什么或什么时候，而一定要全力以赴，一定要有信念，因为信念是所有时代伟大奇迹的创造者。

许多人遭到失败是因为他们老是喜欢停下来询问自己的最终结果将会怎样、自己将来是否能取得成功。这种不断对事情结果的询问往往会导致怀疑和恐惧的产生，而怀疑和恐惧对取得成功来说是致命的威胁。成功的秘诀在于集中心志，而任何一种怀疑或恐惧都不利于集中心志，并且会毁灭人的勇气和创造力，从而导致失败。

再次，要有积极的心态。

为了保护你不受恐惧的侵害，你必须保持积极的心态，克服消极的心态，并用积极的心态来主宰你的思想，指导你的行动。心态不同，人的表现就会完全不同：具有消极心态的人一定是悲观者，他们充满恐惧，低头俯视，凡事只往坏处看；具有积极心态的人肯定是乐观者，他们充满信心，抬头仰望，总能看到好的一面。悲观者总是预测失败，乐观者则总是期望成功。

两种心态会呈现出两种不同的结果：具有消极心态的人未老先衰，脸上满是深深的皱纹，看不出任何希望和活力，远比实际年龄老得多；而具有积极心态的人则充满活力，乐观向上，生机勃勃，轻快敏捷，远比实际年龄年轻得多。这是多么鲜明的对比！

最后，要有乐观的性格。

乐观的人总是能看到事物光明的一面，并随时准备扭转败局，走向成功。他们不仅自己快乐，还能给别人带来快乐。所以，他们总是处处受到欢迎。

只要具有乐观的性格，就能有效地消除恐惧。那么，如何培养乐观的性格呢？那就是要像乐观者那样，把"始终保持快乐"作为人生最重要的信条。要像乐观者那样，不要专门去预测那些可能会发生在自己身上的不幸。应该相信任何事物总有光明的一面，要努力去发现这一面。要相信最好的事情总会发生，而如果真的发生了不幸的事情，也能够把它的负面影响化解到最小，甚至在灾难临头的时候也力争发现"苦中之乐"。

成功的秘诀和公式

（一）成功的秘诀

拿破仑·希尔总结其一生的研究成果，将成功的秘诀归纳为两点：

第一，"所有的成就，所有挣来的财富，源头都只是在一念之间！"

这就是说，所有成就的最初源头都产生于自己的思想。因此，要获得成功，首先必须有成功的想法，只有这样，行动上才可能去争取成功。

第二，"天下是没有不劳而获这回事的！我提出的这个秘诀，是要付出代价才能取得的。"

这就是说，有成功的想法固然是成功的最初源头，但成功的取得必须靠行动、靠奋斗，没有行动，不去奋斗，想得再好也必将一事无成。

（二）成功的公式

基于以上两条秘诀，可得成功的公式：心想＋奋斗＝成功。

"心想"是成功的前提，"奋斗"是成功的保证，"成功"是"心想＋奋斗"的结果。

（三）反思和行动

我希望读者学习过每一条成功原则后，要认真反思以下四个问题：

（1）这条成功原则对人的主要要求是什么？

（2）对照这些要求，还有哪些差距？

（3）为什么会产生这些差距？

（4）准备怎样克服这些差距？

反思之后，就要马上行动，并且要持续行动，不达目的，决不罢休。只要能为了实现明确的目标而坚持不懈地行动，最终就一定能够成功。

最后，向广大读者赠言如下：

人人都想成功，人人都能成功，我能助您成功，大家共同成功！

衷心祝愿您走向成功！

参考文献

[1] 希尔. 成功之路 [M]. 张书帆, 译. 海口: 海南出版社, 1999.

[2] 希尔. 致富之道 [M]. 丁琪倩, 译. 海口: 海南出版社, 1999.

[3] 希尔, 瑞特. 一生的财富 [M]. 钟子清, 李斯, 译. 海口: 海南出版社, 1999.

[4] 希尔. 人人都能成功 [M]. 武汉: 湖北人民出版社, 2001.

[5] 希尔. 改变你的一生: 经营自己的强项 [M]. 刘天, 编译. 北京: 九州出版社, 2001.

[6] 希尔, 皮尔. 积极心态的力量 [M]. 刘津, 译. 成都: 四川人民出版社, 2000.

[7] 希尔. 我自己的旅程 [M]. 张书帆, 王明华, 译. 海口: 海南出版社, 1999.

[8] 黄河浪. 拿破仑·希尔成功学教程 [M]. 海口: 海南出版社, 2002.

[9] 希尔. 拿破仑·希尔成功金言录 [M]. 斯坦金, 编译. 呼伦贝尔: 内蒙古文化出版社, 2002.

[10] 斯通. 永不失败的成功定律: 积极人生观是你常胜的王牌 [M]. 章煜, 编译. 长春: 吉林人民出版社, 2002.

[11] 马登. 成功学原理 [M]. 张春明, 译. 北京: 中国发展出版社, 2002.

[12] 田野. 拿破仑·希尔成功学全书 [M]. 北京: 经济日报出版社, 1997.

[13] 边四光. 拿破仑·希尔成功智慧应用 [M]. 长春: 长春出版社, 2002.

［14］李杰，董树宝．卡耐基成功智慧应用［M］．长春：长春出版社，2002．

［15］卡耐基．卡耐基成功学教程［M］．刘双，等编译．北京：中国商业出版社，2001．

［16］卡耐基．卡耐基经营之道［M］．高国政，编译．延吉：延边大学出版社，2001．

［17］卡耐基．卡耐基人际关系学［M］．靳西，编译．延吉：延边大学出版社，2001．

［18］卡耐基．卡耐基口才学［M］．高铁军，编译．延吉：延边大学出版社，2001．

［19］韦尔曼．成功始于方法：爆发由弱而强的10种本领［M］．马弛，译．北京：中国致公出版社，2003．

［20］吴梅．财富成功22条天规：从一贫如洗到身价百万［M］．北京：中国华侨出版社，2001．

［21］魏洁．步入成功计划［M］．北京：海潮出版社，2002．

［22］马登．一生的资本［M］．包刚升，李丽娟，译．北京：中国档案出版社，2000．

［23］马登．伟大的励志书［M］．吴群芳，余星，译．包刚升，校译．北京：中国档案出版社，2001．

［24］马登．思考与成功［M］．吴群芳，刘志明，译．包刚升，校译．北京：中国档案出版社，2001．

［25］马登．高贵的个性［M］．林小英，李霞，译．包刚升，校译．北京：中国档案出版社，2001．

［26］马登．成功的品质［M］．罗海林，刘永吉，译．包刚升，校译．北京：中国档案出版社，2001．

［27］马登．天才的品性［M］．姜文波，田小满，译．包刚升，校译．北京：中国档案出版社，2002．

［28］马登．改变千万人生的一堂课［M］．夏芒，译．银川：宁夏人民教育出版社，2004．

［29］曼狄诺．世界上最伟大的推销员［M］．安辽，译．深圳：海天出版社，1996．

［30］林语堂．励志·人生［M］．成都：四川文艺出版社，1996．

［31］田园，欧阳云，杨西月．时间管理学［M］．北京：中国城市出版社，1997．